暗記しないで化学入門　新訂版

電子を見れば化学はわかる

平山令明　著

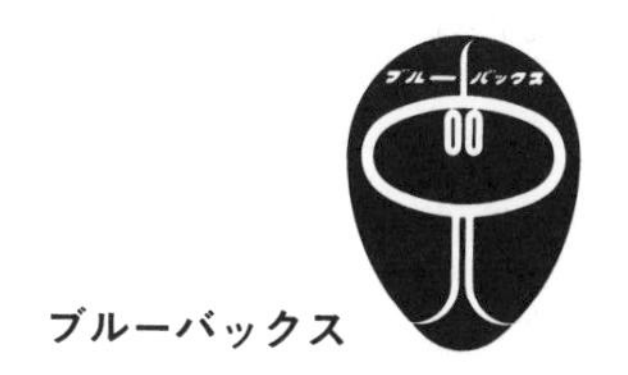

カバー装幀	芦澤泰偉・児崎雅淑
カバーイラスト	大久保ナオ登
本文デザイン	齋藤ひさの
本文図版	アドバルーン／さくら工芸

はじめに

化学が嫌いだと言う人にその理由を聞いてみると、返ってくる答えはたいがい似ている。「細かい化学式や化合物名をたくさん覚えなくてはならないから」。また化学というと環境問題、薬害などの暗いイメージがあるので嫌だという人も少なくない。化学はどうも暗いイメージで、かつ細々としたことを覚えなくてはならないとおおかたには映っているようである。公害問題が騒がれた一時期、化学が非常に不人気だったことは確かにあった。

化学の暗いイメージは化学自身のイメージではなく、それを利用する人間の暗い部分の反映である。確かに実験室はあまりきれいとは言えないことが多いし臭いもあるが、化学自体はそれほど暗くもなく、むしろ創造に対するチャレンジ精神に満ちた明るい話題の多い学問である。化学は実に広い範囲の物質とそれに関わるいろいろな現象を含んでいる学問であり、生命科学でも究極的に解くべき課題は化学的な問題が多いと言える。私たちの物質生活には化学によって創出されたものが溢れ、それらなしでは生活できない。むろんそこから派生する暗い問題もある。しかしそれを解決するのも化学である。さらに私たちの生命活動は化学反応によって支えられており、森羅万象も化学反応の結果である。私たちは化学的な環境の中で化学的な営みをしているとさえ言える。また化学的に世界を理解することは、私たち自身を理解することにつながり、化学を有効に活用することは人類の未来を開くことにもつながる。ただ現在では以前にも増して、それを利用する人間の品性と意識が問われていることは確かである。

「化学式をたくさん覚えないといけないから化学は嫌だ」という人は少なからず化学を勉強した人であろう。高等学校の教科書を読めば、たぶんそういう印象を持ってしまうだろう。小さな本の中であまりに多くの知識を盛ってしまっているために、そうならざるを得ない。この本を書いた目的の１つは、そういう不満を持っている人、それで化学嫌いになってしまった人に、化学の面白さを知っていただくことである。化学は決して「暗記物」ではなく、理屈を納得して、それを応用するものである。その点では物理などと違うところはまったくない。もちろんこの小さい本で化学の教科書に書いてある分野すべてについて、解説をすることはできない。この本では、原子同士を結ぶ化学結合に焦点を絞った。しかし、化学結合は化学の中で最も本質的なことであり、ここで解説する基本的なことは化学全分野について、もちろん成り立つものである。

化学の教科書にはたくさんの有名な科学者の名前があり、また歴史的に見ると重要な物の考え方がたくさん説明されている。しかしその多くは、現代的な化学の概念を知るためにはあまり重要でないことが少なくない。例えばドルトンの原子説はほとんどの教科書に載っているが、極論を言ってしまえば、このような名前を知っている必要はないし、それでも化学の面白さは充分に味わえる。現代的な化学の概念がきちんと理解できたあとで、時間があれば過去に遡ればよい。ということで、本書ではほとんど人名も〝なんとかの説〟も取り上げない。むろんここで述べることは過去の偉い科学者が発見したことに基づいているのだが、今現在どう考えればよいかということにフォーカスを絞る。教科書でないからできる業であろう。

この本での主役は電子である。最も重要な登場人物（？）である電子が、この本の大切なキーワードである。電子というものの性質や挙動が理解できれば、化学のかなりの部分が理解できるからである。分子中や分子間の電子の動きが予測できれば、化学が理解できたと言ってよい。もう１つのキーワードは立体構造である。分子は原子が立体的に組み立てられた三次元構築物であり、立体構造によってその分子の働きが大きく左右される。電子の挙動と立体的な条件、これらが化学反応を決定する上で非常に重要である。これら２つのキーワードを軸にして物語を展開していきたい。むろんこれらだけで化学全般が分かるようになるわけではないが、とりあえずこの２つのキーワードで化学を理解すれば、残りの部分を理解する準備は充分できたと考えてよい。高校生の諸君は、本書を通読した後、化学の教科書にぜひ戻って欲しい。教科書の内容がだいぶ違って見えてくるに違いない。

この本では、高等学校程度の化学のエッセンスとその面白さを知っていただくことを目的にしているが、高等学校の教科書では教えていない概念も説明の中に入れている。ただし、これらの概念を理解することはそれほどたいへんではなく、理解すれば他の多くの概念が一挙に理解しやすくなる。ちょうど鶴亀算をまともにやるより、方程式で解く方が簡単でかつ計算している内容が理解し易いのに似ている。第7章と第8章は少し挑戦的な内容である。化学は暗記物ではなく、そこには生き生きしたストーリーがあることに気がつかれたら幸いである。

人類の有力な知的財産の1つである化学を有効に駆使すれば、暗いイメージどころか、化学の力で21世紀を明るく輝く世紀にすることができる。環境、エネルギーそして医療等々の21世紀に人類が直面する大きな問題を化学が解決してくれることに期待したい。また、私たちもその実現に向かって進むべきであろう。

本書の旧版は2000年に出版され、以来多くの読者に恵まれ、増刷を重ねることができた。今回、幸いにも新訂版を出版する機会を得たので、本文全体を見直し、2021年版に相応しいように、本文、用語そして図の一部を書き改めた。旧版の作成時に有益なご助言を頂いた梓沢修氏、また新版の企画制作で大変お世話になった篠木和久氏および森定泉氏に、この場を借りて深く感謝申し上げたい。

目次 暗記しないで化学入門 新訂版

第2章

電子は動く 67

第3章

化学結合は他にもないか 89

第4章

原子の間に働く力 109

第5章

分子の立体構造が決め手 139

第6章 分子の形や化学結合を見る 165

第7章 電子の動きで化学反応を理解する 187

第8章

素晴らしい分子の世界 243

第1章
電子が原子を結びつける

1-1 グルタミン酸

化学結合の仕組みを理解するために、身近な化合物の１つを例にとってみることにしよう。

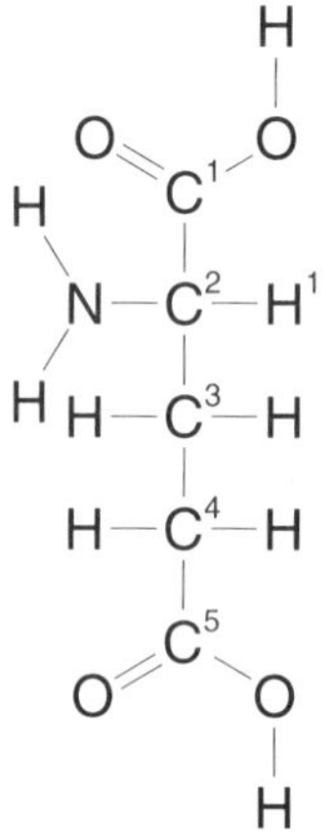

図1-1

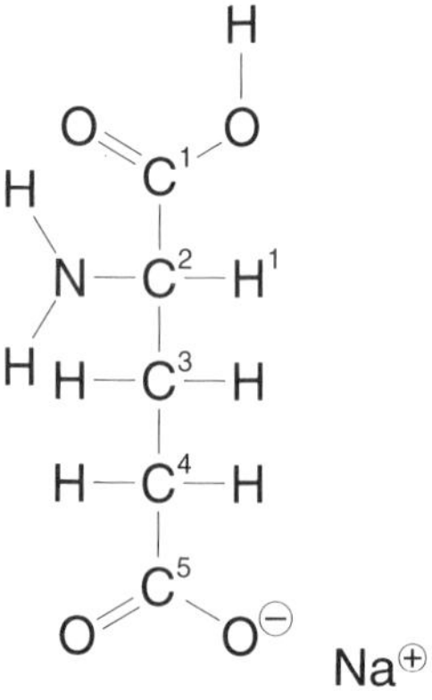

図1-2

図1-1に示した分子はグルタミン酸である。図1-2のように１つのH（水素）原子がナトリウムに置き換わった分子が、調味料に用いられるグルタミン酸ナトリウムである。手近なところにグルタミン酸ナトリウムがあれば、見てみよう。

透明なキラキラした結晶であり、なめると口の中で溶けて昆布のような旨味が口の中に広がる。池田菊苗（いけだきくなえ）という科学者が昆布のだし汁の旨味はなにかを研究し、このグルタミン酸ナトリウムをみつけた。現在では大豆や小麦に含まれる植物性タンパク質を加水分解したり、発酵法によって作られているので、比較的安価に手に入る。グルタミン酸自身は私たちの体の中で合成されるので、必須アミノ酸ではない。つまり、グルタミン酸ナトリウムを使うのは栄養のためではなくもっぱら味付けのためである。

さて図1-1はなにを表しているのだろうか。多くの読者は原子を記号で表すことを知っていると思う。この場合、Hは水素原子、Cは炭素原子、Nは窒素原子、そしてOは酸素原子を表す。そうすると、図1-1はグルタミン酸には９個のH原子、５個のC原子、１個のN原子、そして４個のO原子が含まれていることを示す。

しかし単にH原子が９個、C原子が５個、N原子が１個、O原子が４個、漫然と集まっただけではグルタミン酸にはならない。

図1-1で各原子の間に引かれた実線は、それら特定の原子が結びついていることを示す。例えばH^1原子はC^2原子とだけ結びついていることを示している。H^1原子はC^3原子とは結びついていない。

このように１つの分子はたくさんの原子から成っているが、ただ原子が集まっていればよいわけではなく、**特定の原子同士が結びついている**。また、特定の原子同士が結びつかないと分子としての用をなさない。

ちょうどプラスティック模型などのキットのようである。プラスティック模型のキットの中には、いろいろの部品が入っているが、それらの部品同士をきちんと組み立てないと、箱の上面に印刷されているきれいな写真のような模型を作ることはできないのだ。

プラスティックや木の模型の場合、部品同士を接着するのに私たちはいろいろな接着剤を用いる。日曜大工の店に行くと、さまざまな接着剤がある。これらの多様な接着剤は、用途や目的に応じて使い分けないと、とんでもない不都合が生じることを読者もよくご存じのことと思う。筆者のようにあまりマメでない人間の場合、めんどうでつい適当に選んでしまうので失敗も少なくない。しかし幸いなことに、原子を結びつける役割をする〝接着剤〟の種類は、むしろ非常に少ない。

原子を結びつける〝接着剤〟を、化学の世界では接着剤と呼ばずに「結合」という。英語では「ボンド（bond）」であり、〝原子の結合〟と〝接着剤〟を同じ言葉で表す。私たちは、よく接着剤のことをボンドと呼ぶので、なじみやすい。接着剤の強さは接着力と言うが、原子を結合する強さも普通「結合力」と言う。また原子を結合するという意味を強めたい時には、「化学結合（chemical bond）」と言うこともある。分子を扱う世界で結合と言えば、間違いなくこの化学結合を指す。結合するモノが違うだけで、接着剤と化学結合は非常によく似た働きをする。化学結合は原子の接着剤と言ってもよい。

この「原子の接着剤＝化学結合」の性質を理解することが化学のすべてと言ってもよく、化学を理解する近道でもあり、化学が楽しくなる秘訣でもあるのだ。

1-2 メタン

化学結合のことを、もう少し詳しく見てみよう。そのためにはグルタミン酸は少し複雑なので、簡単な分子からはじめよう。

メタンはガスの一種であり、よく燃えるので燃料に使うこともできる。この分子は４個の水素原子と１個の炭素原子から成り、図1-3に示すようにH^1、H^2、H^3およびH^4原子は中央のＣ原子と化学結合している。Ｈ原子同士の間には化学結合はない。

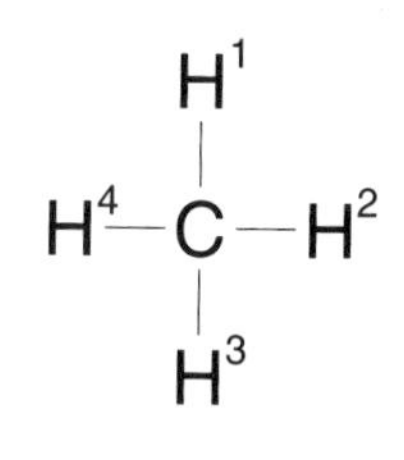

図1-3

周期表というものを知っているだろうか。化学の教科書の表紙裏によく使われている表で、化学嫌いにとっては見るのもいらいらするあの表のことである。あの表は、実は覚えるために作られた表ではないし、ましてや視力検査のためのものでもない。あの表は化学のエッセンスを表示したものであり、聖徳太子の十七条憲法のようなものである。つまり形だけではなく、内容が深いのである。むろん強いて覚える必要はなく、繰り返し使っているうちに、内容とありがたみが分かるにしたがって、いつの間にかある程度そらでも言えるようになるものである。

話を戻そう。あの周期表には、各原子の特徴がまとめられている。地上には90種類ほどの異なった原子（元素）があり、それらが化学結合して、この世界のすべてを作っている。海も陸も、植物も動物も、空気も、あらゆる森羅万象を作っている。各原子の個性とそのつなぎ方で、無限の組み合わせができるのだ。読者の皆さんの周囲を見まわしてみると、実にさまざまなものがあるだろう。机、コップ、ボールペン、CD、クーラー、辞典、かばん、サボテンなどなど。これらのすべてが、そしてあなた自身も原子で作られている。

各原子の個性には、まず「どのくらい多くの他の原子と手を結べるか（結合できるか）」というものがある。メタン分子を見ると、C原子は４つのH原子と結合しているが、H原子はただ１つのC原子とのみ結合している。この〝いくつの原子と結合できるか〟という目安を「原子価」という言葉で表す。原則としてC原子の原子価は４で、H原子の原子価は１である。なぜC原子は４で、H原子は１の原子価をとるかは後で詳しく説明する。生物界が多様であり、巧妙なからくりがいろいろとできるのは、C原子の原子価が４であることによる。

1-3 エチレン

図1-4に示したエチレン分子は、生鮮食品の保存用フィルムなどに用いられるポリエチレンを作る原料であり、果実が熟成する時にはこのエチレンガスを発生することも知られている。部屋に熟したバナナがあれば、あの甘い香り

とともに、このエチレン分子が部屋の中を飛び回っていることになる。

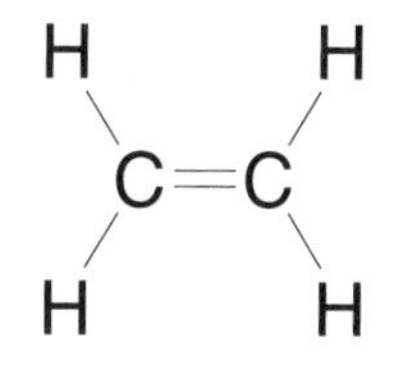

図1-4

エチレン分子は、Ｃ原子２個とＨ原子４個から成っている。Ｈ原子の原子価が１であるから、各Ｈ原子は各々１個のＣ原子とだけ結合している。Ｃ原子の原子価は４であったが、この図では各Ｃ原子のまわりに２個のＨ原子と１個のＣ原子しか書かれていない。その代わり、Ｃ原子とＣ原子の間には１本の線ではなく２本の線が書かれている。

Ｃ原子の原子価は４であるが、この４つの原子価をどのように使ってもよい。エチレンの場合のように、Ｃ原子との間に２本使ってもよい。そうすると、Ｃ原子同士の間で２本を使い、２つのＨ原子との間で２本使えば、結局４本の原子価を各Ｃ原子は使うことになる。

このように２本の結合が２つの原子間で使われる場合、その結合を「２重結合」と言う。これに対して、１本の結合を「単結合」と言う。結合と言う場合、断らなければ普通は単結合を指す。Ｃ原子の場合、さらに「３重結合」もとることができる。

図1-5のアセチレンは、金属の溶接や切断に用いられる酸素アセチレンガスに含まれている。今ではほとんどの夜店では発動機を使って電気を起こし、その電気で電灯をつけているが、昔はアセチレンガスを使う趣深い（？）灯を

$H-C \equiv C-H$

図1-5

使ったものであり、うるさい発動機の音はなかった。このアセチレン灯は独特の臭いを持っており、昔は夏の夜の風物詩のひとつでもあったが、この臭いはアセチレン自身の臭いではなく、ごく微量含まれる不純物による。アセチレンは無色で無臭のガスである。

さてアセチレンでは図1-5のように、C原子は２個、H原子も２個で、中央のC原子間には３本の線が引かれている。お察しのとおり、２つのC原子の間には３本の結合があり、両端のH原子との１本の結合を合わせて、各C原子は合計４本の結合を使っている。中央の３本を「３重結合」と言う。

それではC≡Cという分子はないのかという疑問が起こるかもしれない。C≡Cという分子は存在でき得るが、非常に不安定であるため、私たちは通常見ることがないので、考えなくてよい。つまり、C原子の原子価は４であるが、C原子間の多重結合としては３重結合までしかとらないと考えてよい。幻の４重結合ということになる。

1-4 水とアンモニア

最近では、ミネラルウォーターのボトルを下げて歩くのがひとつのファッションになっている。水も安心して飲めない国になったことを吹聴しているようなもので、私は見ていてあまりよい気がしない。

さて、うまい水も、まずい水もその化学式は同じようにH_2Oである。しかしH原子の原子価は1であるので、H原子同士が結合してしまうと、水素分子になってしまい、O原子は取りつく島がなくなってしまう。水分子では図1-6のように原子が結合している。原子価が1のH原子は、各々O原子と単結合する。中央のO原子は両側のH原子と結合しているので、原子価は2である。

H—O—H

図1-6

H
|
H—N
|
H

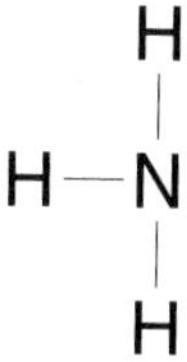

図1-7

「つん」と鼻を突くアンモニアは、単に虫刺されの薬に使われるだけでなく、化学肥料などを作るための工業原料としても非常に重要である。その分子は図1-7のように表される。H原子の原子価は1であるから、N原子と各々単結合する。N原子は図のように3つのH原子と結合しており、N原子の原子価は3である。

さて、これまでC原子、O原子、N原子そしてH原子の原子価はそれぞれ4、2、3そして1と決めつけてきた。「いったいどういう理由でそんなことが決まるのか」と不満のある読者もいたに違いない。以下の節でこれらの理由を説明することにする。

化学に限らずたいていの学問は、多くの先人たちの試行錯誤と何人かの天才の発見によって進歩してきた。したがって、そうした先人たちの物の考え方を、時間軸に沿って学ぶというやり方もある。しかし科学史的な観点からは興味深くても、退屈なことが多い。そうした側面は教科書に譲り、本書では現在最も確からしいとされている考え方に基づいて説明をすることにする。

化学結合の本質を知るためには、原子とはなにかをまず知らなければならない。

1－5 原子の構造

原子は原子核と電子からできている。しかし、原子間の結合を考える時には、原子核はほとんど意識しなくてよい。化学とは「原子や分子の中における電子の立ち居振る舞いについて考える学問」だと言っても言い過ぎではない。

図1-8にはH原子の構造を示した。H原子は最も単純な原子で、陽子１つからなる原子核と電子１つからできている。電子は地球の周りを回る月のように、原子核の周りを回っている。図1-8はこのことを理解しやすいように表現したものであるが、〝実際の様子〟とは大きく異なる。実際の様子を描くのはなかなか難しいが、H原子の様子を強いて表すと、図1-9のように

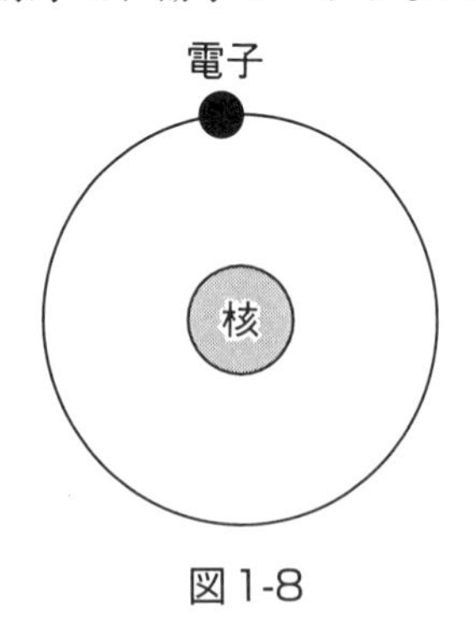

図1-8

なる。

球の中心には原子核があり、その周りで電子は雲のようにふんわりと球状に存在している。電子は基本的に１個、２個と数えられるが、電子が存在する場合には、１点に１個が集中しているわけではなく、ある空間にわたって雲か霞（かすみ）のように存在する。その空間全体について存在する電子をすべてかき集めると、水素原子の場合には１になる。しかし、空間全体に均等に薄くのばしたように電子の雲は広がっているのではなく、図1-9のように原子核付近の特定の領域で密に存在する。水素原子の場合それは球形をしている。

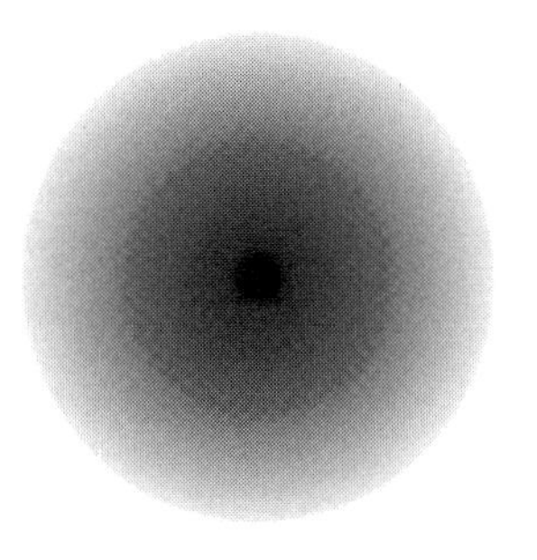

図1-9

「なんとなく説明がみょうちきりんで、ごまかされているのではないか」と思われる読者も多いかもしれない。

実は電子くらい小さいものの世界で成り立つ法則は、私たちの日常の世界で成り立つ法則とはまるで違うことが物理学ですでに証明されている。電子は１個、２個と数えられるが、一方で電子が原子核の周りを回っている時にはその位置は特定できないということも、原子の世界で成り立つ物理学では決して不思議なことではない。しかしもっと大きな物の間に成り立つルールに慣れてしまっている私たちには、奇妙にみえる。原子の世界で成り立つこの不思議な物理学を、「量子力学」という。この不思議の世界を学ぶことは、実に知的好奇心を刺激するものであり、ひとつの冒険旅行でもある。しかし残念ながら本書ではそのオプショナル・ツアーは用意していないので、この知的冒険の旅に出たい方は巻末の参考書を参照して欲しい。

1-6 電子の部屋割り

水素原子には１つの電子しかないが、原子番号の大きい原子にはもっとたくさんの電子がある。例えばC原子には６個の電子があり、ＮやＯ原子には各々７個および８個の電子がある。周期表で何番目にあるかという番号を「原子番号」と言うが、C、ＮおよびＯ原子の原子番号はそれぞれ6、７および８で、電子の数と一致している。原子番号は、それぞれの原子が中性の時に持っている電子の数である。

さて、原子に複数の電子がある場合、周期表からはわからないが、それらの電子はすべて同じ性質を持つのではなく、いくつかのクラスに分けられる。この電子の異なった性質が、化学結合を考える上で非常に重要なのである。

唐突であるが、高層ビルのホテルの部屋をうめていくことを考える。私は高いところが苦手なので、ホテルに泊まる時にはなるべく低い階にしてもらっているが、通常は階が上の方が高級と考えられているらしい。それはさておき、「電子というお客をホテルの部屋に収容していく」と考えてみよう。原子核は管理人でグラウンドフロアー（日本の１階にあたる英語表現）にいると考えると、お客である電子は１階（日本流では２階）以上に収容されることになる。

複数のお客がいる場合にいちばん単純な部屋割りは、まず１階の部屋が満室になるまで入れ、次に２階の部屋が満室になるまで収容し……、というように最終的に全館満室になるまで〝電子というお客〟を入れることである。図1-10に電子をこのように収容した場合の部屋割りの様子を３階部分まで示した。気をつけてもらいたいのは、電子が入るこのホテルでは各階ごとに用意されている部屋数は異なり、また１階１部屋、２階４部屋、３階９部屋……のように、上階になるほど客室数は多くなる。３階より上の階にも電子が入るが、複雑になるのでここでは３階までを示した。１つの部屋には２個の電子までが収容できる。全館ツインルームというわけである。化学では１、２、３、……階の代わりにK、L、M、……殻と呼ぶが、いまは呼び方はどうでもよい。

いつでも最高級の部屋でよいという一部の金持ちは除

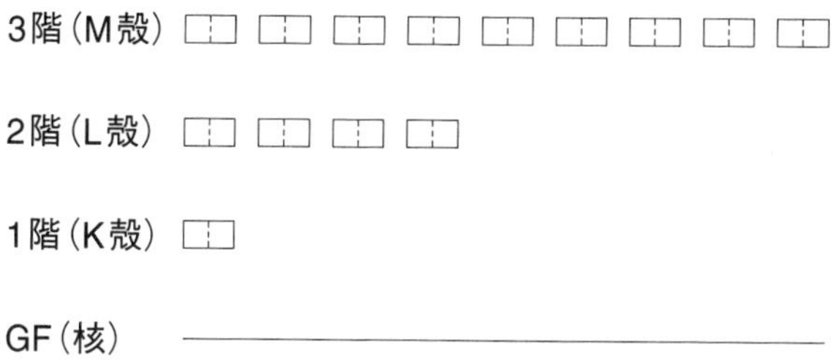

3階（M殻）

2階（L殻）

1階（K殻）

GF（核）

図1-10

き、私たち庶民がホテルの部屋を予約する時には、快適性と経済性のバランスを重視する。ホテル側もそれに合わせた部屋作りをしているところが多い。同じ階の部屋でもいくつかのグレードが設けられているのが普通である。自然界も案外同じような作りになっている。

さて１階部分には１部屋しかないが、それは最も安いsタイプという部屋である。電子にとっての料金とは、そこに入るために必要なエネルギーのことである。

２階部分には４部屋あるが、その内訳は安価なsタイプ１室といくぶん高級なpタイプの３室である。ただsタイプとpタイプの部屋の料金差はそれほどでもないので、状況によってはお客のニーズに合わせてこれらの部屋をある程度組み合わせて利用することができる。３階の９部屋は安価なsタイプ１室、pタイプの３室そして少しデラックスなdタイプの５室から成っている。

部屋の料金を整理すると、sタイプ＜pタイプ＜dタイプの順で高くなる。実は４階（N殻）部分のsタイプ室の料金は３階のdタイプ室の料金より安めに設定されているので、通常は３階のdタイプの部屋に電子が入る前に、まず４階のsタイプの部屋が電子で満室になる。以上を加味して料金体系に基づき図1-10を書き直すと図1-11のようになる。縦の方向の上になるほど料金は高くなる。複数の電子を持つ原子の場合、電子は基本的に安い部屋から埋まっていく。自然界でもいちばんの原則は経済性である。電子はなるべく安価な（エネルギーのかからない）部屋を選択する。

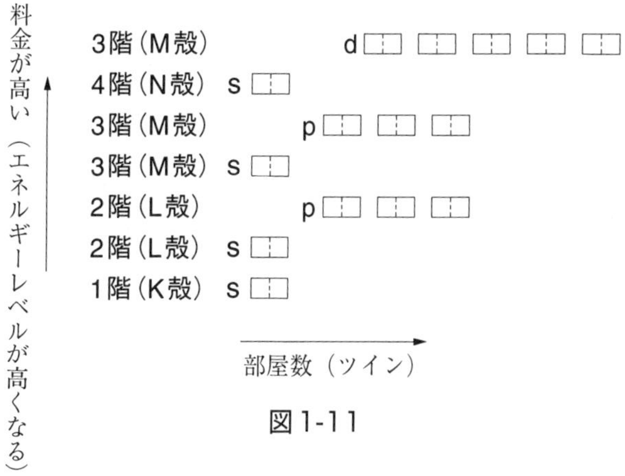

図1-11

1－7　電子は寂しがり屋

電子は基本的に2つが対になって安定する。同時に電子はなるべく広い範囲に分布しようとする性質も持っている。擬人化した表現をすれば、電子は寂しがり屋であり、一方どこへでも行こうとする好奇心旺盛な子供のようである。

2つの電子が1組になっていると、電子はとりあえず機嫌よくしている。ところが電子が1つだけ孤立していると、この電子は躍起になってペアを組む相手を探す。場合によっては、他の原子や分子から電子を奪ってでもペアを作る。

電子はまた、大半の子供がそうであるように、狭いところに閉じ込められているのが嫌いである。電子はなるべく広い遊び場を自由に動きたいという気持ちも持っている。本書の目標の１つは、電子が持つこの２つの本性を理解し、早い話、手なずけることである。

電子のこの２つの性質を念頭において、いま８個の電子をこのホテルに収容することを考えてみる。８個の電子を持つ原子は酸素であり、酸素原子中の電子の様子を見ようというのである。

もちろん、原則はいちばん安い部屋から電子は割り当てられる（図1-11）。次いで電子の性質は２個１組でペアになることである。いちばん安い部屋は１階（K殻）のｓタイプだから、ここにペアになった２つの電子がまず入る。次に安い部屋は２階（L殻）のｓタイプであり、この部屋にも２個の電子がペアになって入る。残りの電子は４個ある。次に安い部屋は２階（L殻）のｐタイプである。２階のｐタイプは３室あり、定員は６である。ｐタイプの値段はすべて同じであるから、どの部屋に入ろうとかまわない。さてそうすると、残り４個の電子の部屋割りに、いくつかの可能性が出てくる。

１つの可能性は図1-12(a)のように、２つの部屋に対になった電子が２つずつ入る場合である。しかしここで電子は迷ってしまう。(a)のｐタイプには空き部屋が１つあり、ペアの１つがペアを解消して単独で空き部屋に移っても値段は変わらない。すなわち(b)のように、のびのびと１つの電子が１部屋ずつ占有しても部屋の料金は同じなのだ。さあ、このような場合、電子はどのように部屋を選ぶだろうか。

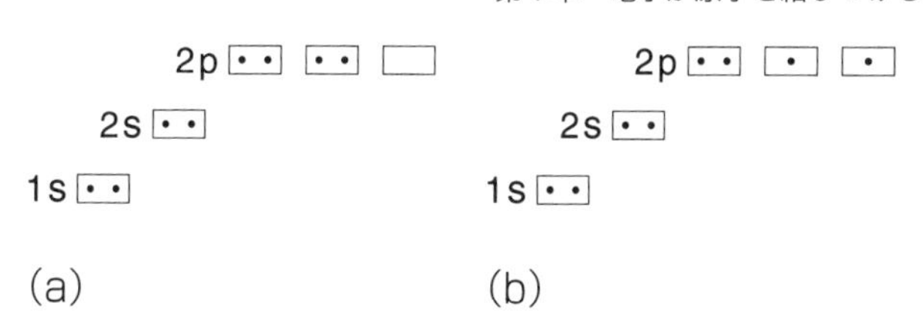

8個の電子を各部屋へ配置する仕方。電子は・で表した

図1-12

ここで、電子のもう1つの性質を思い出そう。電子は寂しがり屋であるが、一方冒険心にも富んでいる。だから、こういう機会が与えられると、電子は迷わず寂しさを乗り越えて独り立ちしていく。つまり3つのpタイプが空いていて、4個の電子がその部屋を占有する場合は、(a) ではなく、(b) のようにpタイプを使うことになる。

孤立した電子は、勇気を持って1人で別室に移ったが、電子の本来の寂しがり屋の性質から、機会があれば別の電子を連れてきて、ペアを組むことを考えている。「別の原子に属している電子を連れてきてペアを組む」ことは、実はそれらの原子の間に「結合」ができることである。後でこのことは説明しよう。

化学では、部屋という言葉の代わりに「軌道」という言葉を使う。K殻（1階）、L殻（2階）そしてM殻（3階）の軌道の頭には数字の1、2、3を付けることになっている。すなわち、K殻には1s軌道、L殻には2s軌道と2p軌道、そしてM殻には3s軌道、3p軌道、3d軌道がある等々の表現になる。軌道という名前は太陽の周りを回る惑星の軌道との類似性からつけられた。

1-8 原子の中の電子

ここでおさらいをかねて、原子の中で電子がどのような軌道を占めるのかを見ることにする。表1-1を参照しながら見ていこう。

まず原子番号1のH原子では電子が1つであるので、1s軌道に1つ電子が入る。He原子では電子が2つあるので、1s軌道の中に2つの電子が対になって入る。Li原子では電子が3つあるので、1s軌道が満室になり、2s軌道に1つの電子が入る。周期表4番目のBeには4つの電子があり、2s軌道にも2つの電子が対になって入る。Bは5つの電子を持つので2p軌道に1つの電子が入る。

第1周期および第2周期原子中の電子の配置

周期	原子番号	原子記号	K殻	L殻			
			1s	2s	2p	2p	2p
1	1	H	1				
	2	He	2				
2	3	Li	2	1			
	4	Be	2	2			
	5	B	2	2	1		
	6	C	2	2	1	1	
	7	N	2	2	1	1	1
	8	O	2	2	2	1	1
	9	F	2	2	2	2	1
	10	Ne	2	2	2	2	2

表1-1

Ｃ原子は周期表で６番目にあり、２ｐ軌道に２つの電子が入る。せっかく３室も空いているので、２つの電子は寂しさをこらえて２つの部屋（軌道）に別々に入る。寂しくても独立していく電子に、健気さと頼もしさを感じる。自然は妥協を伴う安住より、過酷であっても発展性を重んじる。今の日本とはまったく反対である。

７個の電子を持つＮ原子では、３個の電子を２ｐ軌道に持つ。これらの電子はペアを作って安住するより、すべて異なる３つの２ｐ軌道に分散する。Ｏ原子ではすでに1-7節で述べたように電子が配置される。Ｆ原子ではさらに１つの電子が２ｐ軌道で対を作り、Ｌ殻は定数の８より１つだけ少ない７になる。Neは原子番号が10で、Ｋ殻に２個そしてＬ殻に８個と、ＫおよびＬ殻共に満室となる。

孤立した電子は、寂しさから他の電子とペアになりたがっている。しかしHeやNeのように、Ｋ殻そしてＬ殻が満室になると、すべての電子はすでにペアになっているので、それらの原子では電子はすっかり満足している。つまりHeやNeなどの原子は非常に安定である。このような原子から成る気体は貴ガスと呼ばれる。他の原子と化学結合を作らない安定な原子である。

電子はマイナスの電荷を１つ持っており、e^-と表記する。これまで述べた各原子はすべて中性状態のものであるから、中性になるために原子核にはその電子数につりあうだけのプラスの電荷がなければならない。原子核の中の陽子というものがプラスの電荷を１つ持っており、この陽子の数はその原子の持つ電子の数と等しく、したがって原子番号と等しい。つまりH原子では陽子は1つで原子核は+1になっているが、C原子では6個の陽子を持ち、原子核は+6になっている。当然、Neでは陽子の数は10個で+10ということになる。中性の原子では、原子の中でプラスの電荷とマイナスの電荷がつりあっている。

1-9 電子が結合する手の役目をする

図1-13に水素分子を示す。H原子が2つ結合すると、水素分子になる。一般に、水素ガスと呼ばれているのは水素分子である。H原子は他の原子と結びつきやすいので、H原子という形で存在することはほとんどなく、H原子だけで存在する場合には、このように水素分子になっている。

H原子はすでに見てきたように、化学結合する場合に1本の手しか持っていないので、原則として1個の原子としか結合できない。したがって水素分子では(a)以外の書き方はできない。

H—H

(a)

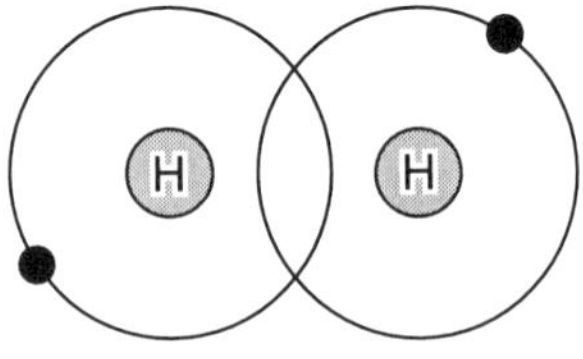

H H

(b)

図1-13

このことを、いままで学んだ電子の性質から考えてみよう。

H原子には1個しか電子がないが、電子は本来広い領域を伸び伸びと動き回りたい性質を持っている。子供と同じで、狭い教室に閉じ込めておくことはなかなかたいへんである。また電子は一方で寂しがり屋で、一緒になって遊べる仲間をいつも探している。そこで、もし２つのＨ原子が近づき、お互いが持っている電子を共有するとどうなるだろうか。人間社会でもよく起こることであり、弱点を補う形で２つの会社が合併することは、このことに似ている。(b) のように２つのＨ原子が２つの電子を共有すると、２つの電子はペアを作り、見かけ上１つのＨ原子のＫ殻に２つの電子が入っていることになる。つまりＫ殻の定員数が見かけ上Heと同じ数になり、安定になれる。それだけではなく、各電子はいままでより広い領域を動けるため、より満足した状態になる。実はこれが化学結合の本質である。

この結合は、２つの原子が電子を共有することでできるので、「共有結合」と呼ばれる。共有結合は分子の構造を作る上で最も重要な結合である。共有結合を作るための条件は「結合を作る原子の中にペアになっていない電子がある」ことである。HeやNeのようにすべての電子が対になり、かつすべての軌道が電子で満たされていると、電子は原子自身の状態で充分満足してしまうので、別の原子と結合を作ることはほとんどなくなる。これは化学的に活性のない、すなわち不活性な状態であり、貴ガス（HeやNeなど）のことを不活性ガスというのはこのためである。

図1-8のような原子の表現は適切でないと言ったが、その限界を知って使うと便利であり、実際にもよく使われている。この図と同様に原子核の周りのＫ殻、Ｌ殻そしてＭ

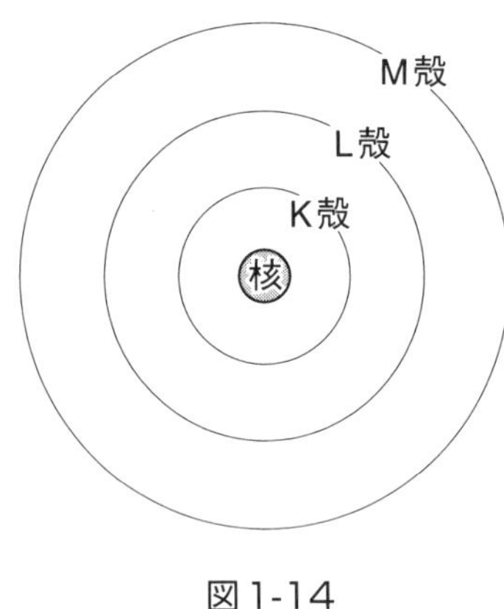

図1-14

殻の様子を描いたのが、図1-14である。すでに述べたようにL殻やM殻にはさらに複数の軌道がある。

私たちはある人がどの程度活発かということを表すのに、エネルギーという言葉を用いる。エネルギーがあると言うときは、その人がバリバリと仕事や勉強のできる状態にあることを示し、逆にエネルギーがないと言えば、へとへとでなにもする元気もないことを示す。つまりエネルギーが少ないということはその状態があまり活動的でないことを示し、エネルギーが多いと言う時はその状態が活動的で可能性に富んでいることを示す。

K殻、L殻そしてM殻のエネルギーは、外側にいくほど高くなる。すでに見たようにK殻は1階（日本では2階。念のため）に相当し、L殻は2階、M殻は3階に相当する。物を落とす時、高い階から落とすほど衝撃は大きくなる。このことは高いところにあるほどエネルギーが高い状態になっていることを意味する。

図1-11（27ページ）の縦軸は、エネルギーレベルの高さを示していた。L殻の電子の中でも、s軌道の電子よりp軌道の電子のエネルギーの方が高い。値段が高い部屋と

表現したのは、エネルギーが高い状態を表す例えであったわけである。

科学では状態の活発さを表現する場合に、エネルギーを尺度にすることが一般的である。

さて図1-14で、核に近い方の電子殻を「内殻」、核から遠い電子殻を「外殻」と呼ぶ。HやHeには内殻と外殻の区別がないが、複数の電子殻に電子が入っているLi原子以上の原子であると、内殻と外殻の区別ができる。普通はエネルギーの低い内殻の軌道が占められてから、外殻の軌道が占められる。したがってペアになっていない電子が含まれるのは、最も外側の電子殻の軌道である。ペアになっていない（孤立している）電子は、他の電子とペアを組みたがっているので、共有結合に参加することができる。したがって、その原子がいくつの原子と結合できるかは、ペアを組んでいない電子の数によって決まる。外殻の中でも、最も外側にある電子殻を「最外殻」という。最外殻の電子は原子価を決める上で重要なので、特に「原子価電子」、略して「価電子」と呼ぶ。H、C、NおよびO原子の価電子は各々１、４、５および６である（表1-1）。これらの電子は化学結合を作るのに使われるが、内殻（H原子を除くこれらの原子の場合はK殻）の電子はすべて満足しているので、価電子として働くことはない。この章の前半で、１つの原子が結合することのできる他の原子の数を原子価といったが、この原子価の数は最外殻にある電子の数によって決まる。価電子以外の電子は、じっと現状に甘んじていると言うと言い過ぎかもしれないが、決して外向的ではない。

この考えに従えば、メタン分子のC原子の価電子４個が４個のH原子の価電子と各々対を作り、共有結合していると考えればよい。しかし、C原子の最外殻の（と言ってもL殻であるが）電子数は確かに４だが、そのうち2s軌道に２個が対になって存在し、残り２個が2p軌道にあるはずであり、なぜ原子価は４になるのかという疑問が出るかもしれない。この疑問については後でもっと正確に答える。まずはホテルの室の例えを使って次のように直感的な答えを示しておこう。

電子を６個持つC原子では、２階の合計定員８個の４室（2sタイプ１室と2pタイプ３室）に、半分の４個の電子が入っている（２個はすでに1sタイプにペアで入っている）。そのうち２個はペアで2sに入り、他の２個は単独で２つの2pに入り、2pの１部屋は空きと考えると、これまでの説明からは自然である。しかし、電子は対になると確かに安定になるが、僅かに料金の高い部屋がまったく空いているとなると話は別である。この場合は、電子は相部屋より、ちょっぴり寂しくても、独立を好む。ホテル側との交渉（多少エネルギーが要るが）の結果によっては、４個の電子は４室を別々に単独で使うこともできるようになる。C原子は多くの場合この選択をする。もちろん勇気を出して独立してみたのはよいが、４個の電子はみんな寂しくて、別の原子の電子とペアを組みたがっている状況にある。したがってメタン分子に見られるように、C原子の４個の価電子はすべて４本の共有結合を作るのに使われる。

「損して得取れ」という言葉があるが、自然界でもまったく同じことが言える。多少の損を最初にしても結果的に大きな得が得られる場合には、迷わずこれを選択する。損というより、初期の投資と考えた方がよいかもしれない。いまの場合２s軌道の電子の１つを空いた２p軌道に格上げするにはエネルギーが必要であるが、結果としてできる４つの孤立した電子は４本の結合をすることが可能であり、その時に得するエネルギーの方がずっと大きい。すなわち「損して得を取る」ことができる。

価電子を意識して化学結合を考えると、分子の構成に対する各原子の役割がよく分かる。また、例えば図1-15のように価電子を「・」や「×」で区別すると分かりやすいので、よくこのような表記を使う。このやり方でＨ原子の価電子は１個であり、Ｃの価電子は４個であることが表現される。この図では「×」で表されるＨ原子からの電子と「・」で表されるＣ原子からの電子が共有されて、メタン分子を作る共有結合４本ができ上がる様子がよく理解できる。

図では２種類の電子を区別したが、もちろん電子には区別がないので、いったん共有されるとどの電子が「×」でどの電子が「・」であるかは区別できない。共有結合に参加したとたん、本来どの原子に属していたのかの区別はなくなる。**原子の電子**ではな

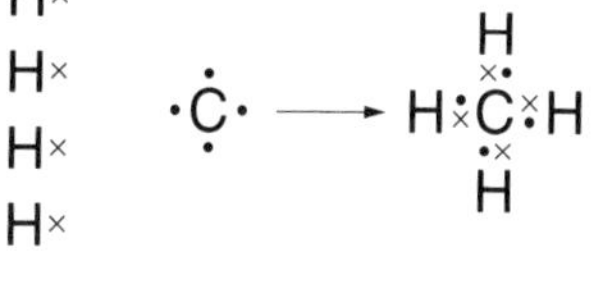

図1-15

く、分子の電子になる。

価電子で表現したメタン分子をもう一度見てみよう。C原子の周りにいくつ電子があるだろうか。「×」が4個で「・」が4個あるので、全部で8個の電子がある。L殻の電子の定員が8個であることを思い出していただきたい。C原子の周りには共有した電子も含めると8個の電子があり、L殻は見かけ上満足されている。しかもすべての電子はペアを作って安定化している。H原子から水素分子ができる時には、K殻の電子の定員が見かけ上満たされ、それで安定な分子ができ上がった。

このように電子殻が定員の電子で満杯になると、その原子は安定になる。L殻以上の場合でも、8個の電子が1つの電子殻に入ることが安定化の1つの目安である。原子の世界では8がラッキー・ナンバーである。

分子を作るすべての原子は、このように電子を自分の周りに配置して安定化しようという傾向を常に持っている。かといって原子はあまり欲張りでもないので、お互いに電子を共有してこの条件をクリアしている。メタン分子が安定な分子として存在するのは、このような理由による。いまやH原子の周りにはC原子との共有で得た1個を加え合計2個の電子があり、H原子のK殻も満足されているので、この分子中でH原子も安定になっている。安定な分子では、すべての原子がこのように満足している。

以上のように、電子がもとの状態より広い範囲を動けるようになると安定になり、そうした電子が2つの原子を引き付け、それらの間の結合として働く。電子は原子間の接着剤として働いている。図1-15のように価電子を用いて原子間の結合を考えると、化学結合の様子と結合に関与している原子の状態が理解しやすいので、このような図を描いてみると、その分子への理解が深まる。実際には電子は雲のように原子間に分布しているので、価電子をひとつひとつ明示的に表すこの方法には本来的な無理があり、分子によってはこの方法での表現が難しいものもある。そのことについては後で述べることにする。ここでは価電子の数さえ分かれば２つの原子の間にどのような結合ができるかが分かるようになったと、少しハッピーな気分になり、いくつかの分子について結合の成り立ちを見てみよう。

1-10　2重結合や3重結合

図1-4（19ページ）のエチレン分子について考えてみよう。メタン分子と異なり、２つのＣ原子の間には２重結合がある。図1-16(a) のように、Ｈ原子の価電子を「×」で、(b) のようにC^1とC^2原子の価電子を「・」と「◦」で区別する。まずC^1とC^2にＨ原子を２個ずつ結合させる。そうすると (c) のようになる。C^1とC^2には２つの価電子のあまりがでてくる。そこで左右にある１つずつの価電子を対にすると、(d) のようになる。これでC^1とC^2の間に単結合ができたことになる。

しかし、各Ｃ原子にはまだ１つずつの電子が残っており、この電子は互いに対になり、２人で共により広い範囲を動きたいという欲求を常に持っている。例えは悪いが、

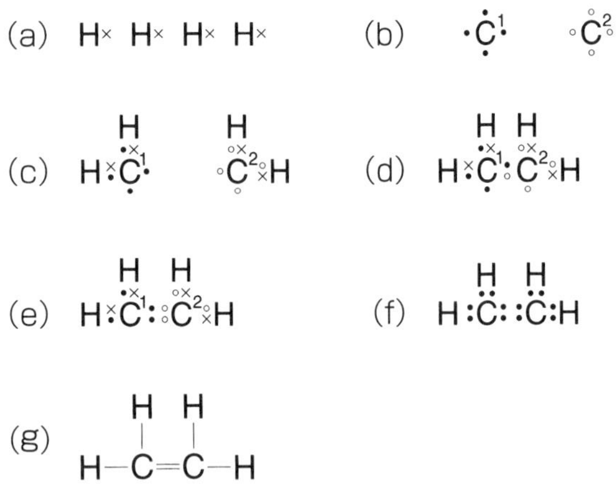

(a) H× H× H× H×　　(b) $\cdot\dot{\underset{\cdot}{C}}{}^{1}\cdot$　$\circ\overset{\circ}{\underset{\circ}{C}}{}^{2}\circ$

(c) $H \overset{\times}{\cdot} C^1$ (with H above)　$C^2 \overset{\circ}{\times} H$ (with H above)　　(d) H:C¹:C²:H (with H above each C)

(e) H:C¹::C²:H (with H above each C)　　(f) H:C::C:H (with H above each C)

(g)
```
   H   H
   |   |
H—C＝C—H
```

図1-16

いわば恋人と共にロングドライブにでかけたいというあの気持ちである。C^1とC^2はすでに単結合によって近接しているので、これらのまだ対になっていない電子が対を作ることは容易である。(d) のままではこれらの電子が対になった様子は表せないが、(e) のようにすると表すことができる。2つのC原子の間には4個の電子が共有され、その結果、2本の共有結合ができたことになる。つまりC原子間には2重結合ができたことになる。C原子とH原子の間には2つの電子しか共有されていないが、2つのC原子の間には4つもの電子が共有されている (f)。電子をいちいち書くのはめんどうなので (f) のかわりにふつうは (g) のように書く。

電子は活発な性質を持っているので、この2重結合の部分には電子がピチピチ（？）跳ねていることになる。後で述べるが、２重結合が化学反応しやすいのはそのためである。Ｃ原子の周りの電子は８個、そしてＨ原子の周りの電子は２個で、各々Ｋ殻とＬ殻が定員に達して安定化していることを確認しておこう。

エチレンで使った考え方をそのまま応用すれば、アセチレンもすぐ分かる。図1-17で考えてみる。アセチレン分子ではＨ原子が２個、Ｃ原子が２個あるから、まずＣ原子にＨ原子を結合させ、残った３個ずつの電子を２つのＣ原子の間で共有すればよい。この図ではＣ原子の電子を区別しないですべて「・」で表現した。

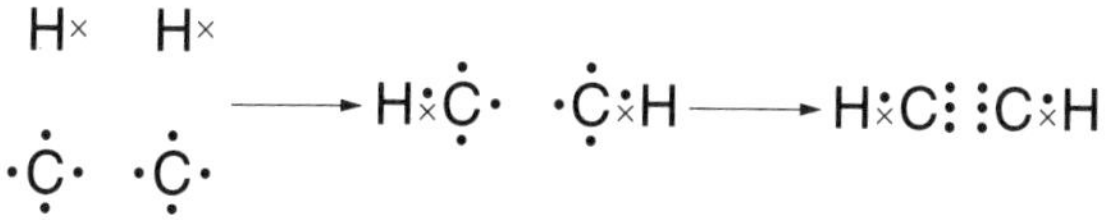

H×　H×　→　H×C·　·C×H　→　H×C⋮⋮C×H

·C·　·C·

図1-17

アセチレンの３重結合は６個の電子から作られている。２重結合では４個、３重結合では６個の電子が共有されている。

ある結合が単結合か２重結合か、それとも３重結合かは、第６章で述べるＸ線解析などの実験で知ることができる。結合する２つの原子間の距離（結合距離）は、単結合＞２重結合＞３重結合の順で短くなる。結合に加わる電子の数が増えるほど原子同士を引きつける力が強くなるので、距離は短くなる。C原子間の典型的な結合距離は、単結合が1.54Å、2重結合が1.33Å、そして3重結合が1.20Åである。1Å（オングストローム）$= 10^{-10}$mである。

さて、せっかくいろいろな分子を原子中の価電子で表すことに慣れたので、皆さんになじみのある分子をもう少しこの方法で表してみよう。

1-11 結合に関与しない電子対

まず簡単なところから。OやN原子は、H原子と同じように通常は1原子では存在せず、2つの原子が結合した酸素分子および窒素分子として存在する。

まず酸素分子について考えてみよう。Oの原子番号は8。1s軌道で2個の電子をつかうと残りは6だから、O原子の価電子は6個である。1つの原子の周囲の価電子総数が8個になるとその原子は安定化して、それに関わる結合も安定になることはすでに述べた。O原子の場合、この条件を満足するには2つ電子が足らないことになる。もし2つの電子を他の原子から取り込めれば都合がよい。

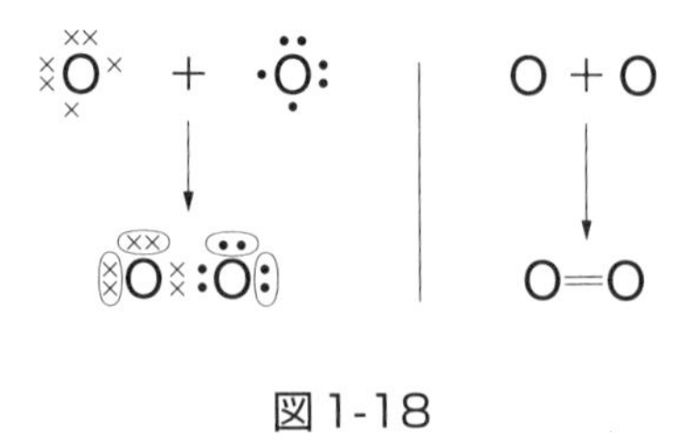

図1-18

幸いにも図1-18のようにO原子が2個集まると、この条件が満足できる。ここでは2つのO原子からの電子を区別して表記した。図1-18から酸素分子は2つのO原子間の2重結合ででき上がっていることが理解できる。さらに1-4節ではO原子の原子価は2であると天下り的に言ったが、その理由がここで理解できただろうか。またC原子の原子価が4になる理由を前節で述べたが、分子を作る場合にC原子の周りの価電子の総数が8になるためには、4個の電子を別の原子から受け入れなくてはならないことが分かるだろう。

図1-18で○で囲んだ電子は結合には使われていないが、対になっている電子である。2つの原子に共有されていない（あるいは共有結合に関与していない）ことから、これらの電子対を非共有電子対という。何度も述べてきたが、電子はいわば遊び盛りの子供のようで、仲良しが対になっているとはいえ、この非共有電子対の電子は適当な場所があると遊びに行ってしまう性質を持っているので、酸素分子中のO原子は安定であるとは言っても、決して落ち着きはらっているわけではない。非共有電子対はたいていの場合、化学反応性に関係している。

N原子も2原子が結合して窒素分子になっている。N原子の原子番号は7だから価電子は5個であるので、もう1つのN原子と3個の価電子を共有すれば、合計8個の価電子が形式上1つのN原子の周りに存在することになり、安定化する。それを実現するためには、図1-19のように2つのN原子が電子を共有すればよい。N原子間には6個の電子があることになり、2つずつが対を作って共有結合を作るので3本の共有結合ができる。2つのN原子間の結合はアセチレンの場合と同じように3重結合になる。つまり、

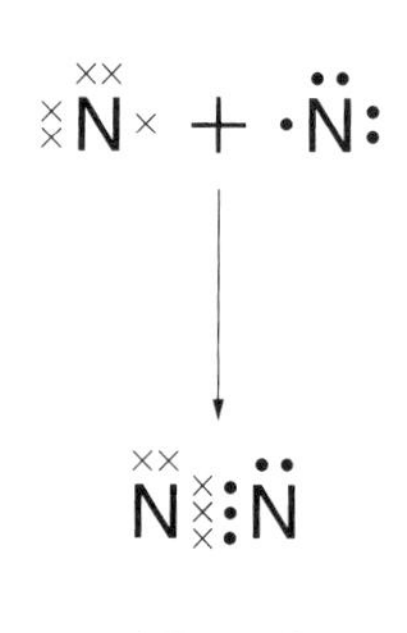

図1-19

N原子の原子価は3である。

窒素分子は安定であるが、このように電子に富んだ結合を持っている。各N原子において共有結合に参加していない電子は1対ずつ非共有電子対を作っている。

それでは、水とアンモニア分子はどうだろうか。たぶんここまで読んでくれば、これらの分子を作り上げる原子中の価電子と共有結合についてもう書けるはずである。以下を読む前にぜひ答えを考えて欲しい。まず水について見てみよう。

水はH_2Oであり、H原子には価電子が1つしかないので、H原子はO原子と単結合しかできないことがすぐ分かる。つぎにO原子から各々1個の価電子をもらえば共有結合ができるので、2つのHはそれぞれOと共有結合し、O原子の持っている価電子の残りは4個になる。それら4個の電子は2組の対、つまり非共有電子対を作る。したがって$H:\overset{..}{\underset{..}{O}}:H$が答えである。

またO原子の周りの価電子総数が8になるためには、2つのH原子から1個ずつの価電子を受け入れればよく、結合に関与しない電子は非共有電子対を作ると考えても同じ結論に達する。

さてアンモニアではどうだろうか。アンモニア分子はNH_3であり、各H原子はN原子と単結合ができ、N原子の価電子は５個あるので、その３個をH原子との単結合に使えば、非共有電子対が１つできることになる。答えは$\begin{array}{ccc}\mathrm{H}: & \overset{\cdot\cdot}{\underset{\cdot\cdot}{\mathrm{N}}} & :\mathrm{H} \\ & \mathrm{H} & \end{array}$である。いずれの場合もOおよびN原子の周りの総価電子数が８個になるように化学結合ができ、すでに述べた原則は守られている。

それでは二酸化炭素ではどうなるだろうか。二酸化炭素分子はCO_2であり、２つのO原子が１つのC原子に結合している。C原子の原子番号は６だから価電子は４個で、O原子の価電子は６個であるので、CおよびO原子の周りの総価電子数が８になるように価電子を分配すると、$\overset{\cdot\cdot}{\underset{\cdot\cdot}{\mathrm{O}}}::\mathrm{C}::\overset{\cdot\cdot}{\underset{\cdot\cdot}{\mathrm{O}}}$のようになる。CとO原子の間の結合は２重結合になり、各O原子には２組の非共有電子対が残ることになる。

調子に乗ってきただろうか。ついでに少し大きな分子であるメタノール（メチル・アルコール）について考えてみよう。メタノールはアルコールの中で最も簡単なもので、実験室やコーヒーを入れる時に使うアルコールランプの燃料になる。日常生活でアルコールと言えばエタノール（エチル・アルコール）を指すが、メタノールは飲料にはできない。できないどころか有毒である。化学でアルコールと言う時には、炭化水素分子の中にヒドロキシ基（—OH）を持つ化合物すべてを指す。アルコールとは広い意味を持った言葉である。

さてメタノールはCH_3OHで表される分子である。C原子に３個のH原子と１個のO原子が結合し、さらにこのO

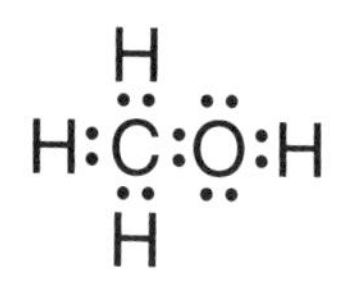

図1-20

原子に１個のH原子が結合している。この分子中の価電子と化学結合の様子が図1-20のように表されることはこれまでの説明からたやすく理解できるだろう。O原子にはやはり非共有電子対が２組存在している。

この章の始めでいきなり見たグルタミン酸中の化学結合について、いままでの知識から判断してみよう。結果は図1-21のようである。グルタミン酸は私たちの体のタンパク質を作る重要な原料アミノ酸としてだけではなく、生物にとって非常に重要なそれ以外の働きも持っている。私たちの体の中に張り巡らされている神経は、今様に言えば情報のネットワークである。コンピュータの中では情報はもっぱら電気信号となって伝わるが、神経の中では電気信号以外にグルタミン酸などの分子によっても情報が伝達される。このような分子を神経伝達分子という。

図1-21

(a)　(b)

図1-22

グルタミン酸中のカルボキシ基（—COOH）はグルタミン酸が溶けている溶液の酸性度によって、$-COO^-$とH^+に分離して存在する。私たちの体液はほぼ中性であり、中性下ではこのようにH^+（水素イオン）はカルボキシ基から離れ（解離し）、塩基性（アルカリ性）の$-NH_2$（アミノ基）のN原子に結合している。＋1ひとつと－1ふたつの電荷があるので、分子全体では－1の電荷を持つ。つまり生物体内では、グルタミン酸の構造は図1-22(a)のようになっている。それに対応する価電子の状態は(b)のようになる。もともと—COOHの形になっていたHがH^+で抜けるので、電子1つをO原子に残していく。そのため$-C:\overset{\cdot\cdot}{\underset{\cdot\cdot}{O}}:^{\ominus}$となる。またN原子にはもともと$H:\underset{H}{\underset{\cdot\cdot}{\overset{\cdot\cdot}{N}}}:C$と非共有電子対があるのでこの非共有電子対まるごとをH^+と共有すると$H:\underset{H}{\underset{\cdot\cdot}{\overset{H}{\overset{\cdot\cdot}{N}}}}{}^{\oplus}:C$となる。このタイプの結合については後でまた述べる。

グルタミン酸のような分子についても、その分子を作る上で各原子の価電子がどのように使われて結合ができ上がっているかが、以上の説明で分かったかと思う。この簡単なルールが分かればたいていの有機化合物の中の結合を表現できる。

化学とは原子をどのように結合させるか、またどのようにその結合を切断するかを扱う科学や技術である。その化学結合を支配しているのが価電子である。そう、価電子の働きさえ理解すればその大半が分かるはずである。少なくとも基本的にはそうである。ここまでついて来られた皆さんは、もう化学の本質のひとつをしっかりとマスターしたことになる。化学とはなんと簡単なものかと驚くだろう。実は基本はこのように簡単である。化学を必要以上に複雑に見せているのは、こうした化学結合でできる物質の多様さである。

生物と違って多様な化合物が同じような顔に見えてしまうことも、化学嫌いを作ってしまう。化合物を覚えるに越したことはないし、実際、化学者の一部にはすごい記憶力で膨大な数の化合物を覚えている人もいる。しかし実際の研究の現場でもそんなにたくさんの化合物が一度に出てくることはないし、ましてや入試問題に出てくる化合物の数は高が知れている。受験勉強で化学をやる場合を除くと、化学を理解するためにはそんなに多くの化合物を覚える必要もない（受験勉強でも覚えるべき化合物の数はそんなに多くない）。必要があれば調べればよい。

しかし、化学結合の本質を理解することは、化学を学ぶ上で非常に重要である。またそれを理解していないと、膨大な化合物について理解することは完全にお手上げであり、化学を使って新しい物質を創造することなどできない。化学は化合物を覚える博物学のひとつではなく、分子の世界で成り立つ原理を学ぶものであると考えて欲しい。化学を学問として学ぶ場合はもとより、化学を応用して私たちの役に立つ物質を創製する場合にもこのことは非常に重要である。

1－12　平面構造から立体構造へ

これまでの説明で、分子がどのような立体的構造をとるかについては、まったく注意を払って来なかった。実は、分子の性質はその分子の立体構造と密接な関係を持っている。たとえ原子同士の結合のしかたがまったく同じであっても、分子の立体構造が異なるとまったく性質は変わってしまう。図1-3（17ページ）に示したメタン分子の構造は間違いではないが、この図では4個のH原子と1個のC原子が1つの平面に載っているように見える。19世紀の終わり頃に、すでに化学者はいろいろな状況証拠をもとに、メタン分子は正4面体構造をとるのではないかと予測していた。4面体構造とは**図1-23**のように、メタン分子の場合、正4面体の中心にC原子があり、正4面体の4つの頂点にH原子がある構造である。だからどのC—H結合もまったく等価な性質を持つ。C原子が4本の単結合で4つの

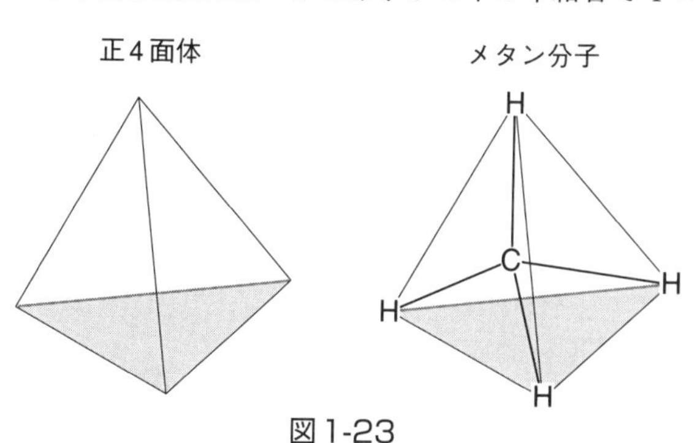

図1-23

原子と結合する時、このような４面体構造（結合する相手の原子によって、必ずしもいつでも正確な正４面体になるわけではないが）をとることは第６章で述べるＸ線結晶解析という方法で確認されており、今では実験的に揺るぎない事実となっている。

Ｃ原子は価電子を４個持つので、４本の手で周囲の原子と結合すると説明してきたが、ここでその点をもう一度検討してみることにしよう。

先にＣ原子の２s軌道と２p軌道のエネルギーは大差ないので、４つの部屋に４個の電子は分散するのだと話した。しかし、仮に分散しても、２s軌道と２p軌道には少ないと言いながらもエネルギー差があるはずであるから、４本の内１本のＣ―Ｈ結合は違う性質であると予想される。しかし実験的には４本が等価である。なにか矛盾を感じないだろうか。

1-13 混成軌道とスピン

この疑問に答えるために、化学結合を考える上で非常に重要な概念が考案された。さらにこの概念は実験によって証明され、今日の化学では事実として認められている。「混成」という概念である。混成とは混成チームなどとして使われる混成である。英語のハイブリッド（hybrid）を訳したものである。

ここで、もう一度電子の本性について確認してみよう。電子はなるべく広い範囲を自由に動こうとする性質を持っ

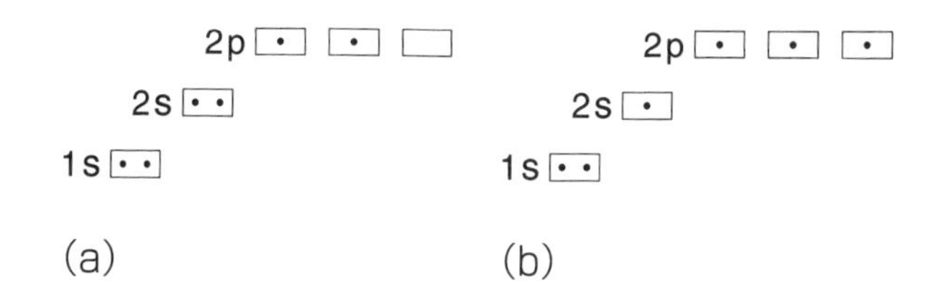

図1-24

ている。閉じ込められるのが嫌いである。さてC原子の価電子は２s軌道に２個、２p軌道に２個入っているが（図1-24(a)）、それらのエネルギー差はすでに述べたように小さい。さらになにも入っていない２p軌道が１つある。もしちょっと２s軌道の電子を扇動し、２p軌道により広い空間があることを教えてやると、２s電子は対で甘んじているより、冒険の旅に出ることを迷わず選ぶ（b)。

実際に化学結合を作る時には、少なからぬエネルギーが原料の原子に与えられる。きっかけを与えるようなエネルギーがないと、化学反応はたいていは起こらないか、ひどく遅くて実用にならない。私たちのような生物であれば、遅すぎて機能が麻痺してしまう。

エネルギーが与えられるということは、２sでも２pでも自由に行けるお金ができることを意味する。こうなると、電子は迷わず、この４室に可能な限り分散する方を選ぶ。それどころか、この４室間を電子は自由に入ったり出たりするようになる。このことを化学的な観点から見ると、２s

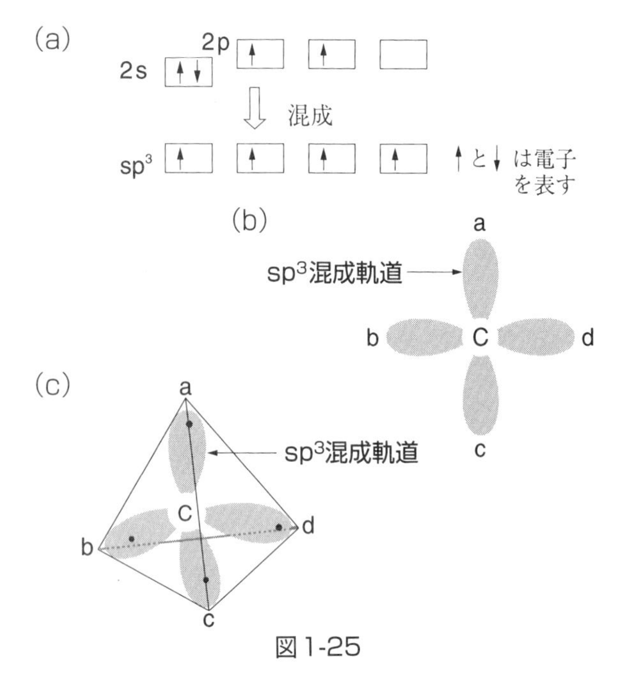

図1-25

軌道と2p軌道の実質的な格差がなくなり、4軌道全部が共通の領域になることを意味する。これが混成である。

2sと2p軌道が混成すると、それら4つの軌道のエネルギーは等しくなる。与えられたエネルギーを使って、4つの新たな軌道を編成し直したという方が適切な表現かもしれない。図1-25(a) のように、1つの2s軌道と3つの2p軌道からできる軌道をsp^3混成軌道（略してsp^3軌道）と呼ぶ。4つのsp^3軌道はまったく等価である。

この4つの混成軌道を、空間的に可能な限りぶつからないように配置するにはどうしたらよいか。(b) に示すように、４つのsp^3軌道a、b、cそしてdを空間的にまったく等価に配置するとは、aとb、aとc、aとd、bとc、bとd、そしてcとdの距離がまったく等しくなることである。この条件を満足させるためには、C原子を正４面体の中心に置き、a、b、c、dを正４面体の頂点に置く、(c)の方法しかない。つまりsp^3混成した中央のC原子から等価な４つの軌道が（c）のように向く。

この４つの等価な軌道にある１つずつの電子と、４つのH原子からの１つずつの電子が対になり、共有結合を作ってメタン分子はでき上がる。すなわち混成軌道という概念を使うと、実験的に明らかになっているメタン分子の立体構造を明確に説明することができる。

電子は対になり易い（寂しがり屋）と述べた。その理由を少しだけ説明すると次のようになる。

電子は本来「スピン」と呼ばれる性質を持っている。スピンの実体をきちんと理解することは少し難しい。しかし、電子は自転していて、その自転の方向に右回りと左回りがあると理解すればよい。これらのスピンを↑と↓の記号で区別することが多い。同じスピンを持った電子は反発し合い、異なるスピンを持った電子は引き付け合う。

しかし、同じエネルギーレベルの軌道が複数空いている時は、それらの軌道にスピンの方向をそろえて分散する方が安定になることが、量子力学から導かれている。つまりsp^3混成軌道に変化したC原子の４つの軌道に４つの電子が分布する場合、図1-26(a)の（iii）のようになるが、（i）や（ii）のように分布することはない。「電子は寂しが

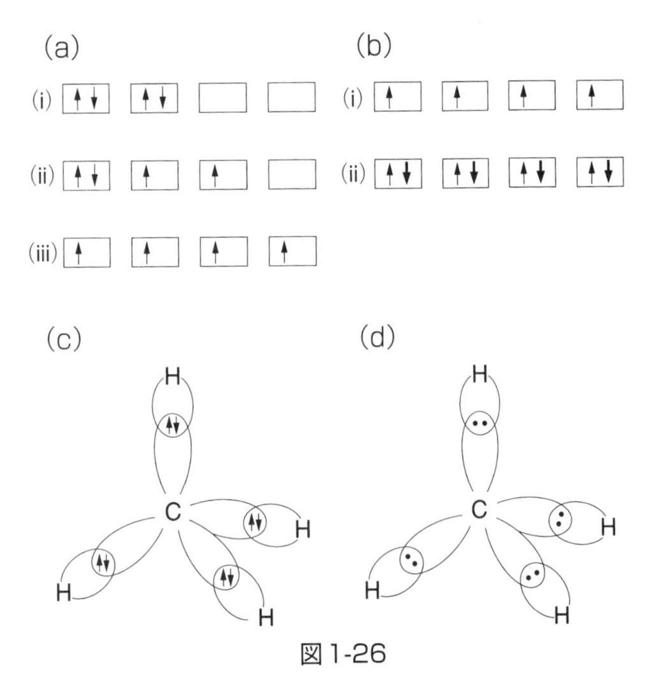

図1-26

り屋であるが、独立して他の領域に進出できる場合には、この寂しさをこらえて、果敢に冒険にチャレンジする」というのは、このことを例えて言っていたのである。

さて図1-25(c) のようにC原子はsp^3混成し、正4面体の頂点方向に伸びた軌道中の電子がH原子の電子と共有されるわけであるが、H原子からの電子は図1-26(b) の(ii) のように、すでに入っている電子とは別のスピンをとって各軌道に入り、各々安定になる。この図ではH原子からの電子を太く表している。

共有してしまえばC原子から来た電子なのかH原子から

来た電子なのか区別できないので、(ii) はあくまでも模式図である。H原子からの電子とsp^3混成の電子が共有されると、(c) のようにメタン分子ができ上がる。この図では軌道を葉形で表してあり、２つの電子が共有されている様子を示した。共有された電子はたいていは (d) のように「・」で表す。

メタン分子に限らずC原子が４つの原子と単結合を作る場合には、常にsp^3混成軌道を使って共有結合する。混成軌道という考え方は、電子の性質から考えると不思議でないことはこれまでの説明から理解できたかと思うが、正直なところ、まだなんとなくスッキリしていないという読者も少なくないと思う。混成という概念に慣れるまでにはしばらく時間がかかる。それがむしろ普通である。多くの現象を見、それらの性質や形を考えていくうちに、その考え方が「なるほど」ということになってくる。そのために、もう少し混成軌道の話を続けよう。

1－14　さらに混成軌道について

メタン分子の構造は、sp^3混成軌道でうまく説明できた。それでは他の分子の場合にはどうだろうか。まずエチレンについて見てみよう。

エチレンは図1-4（19ページ）のように２つのC原子が中央で２重結合している。ここでは２重結合の２番目の結合について、特に述べたいと思う。エチレンのC原子も価電子は４個で、４本の結合に関与している。２sと２p軌道の電子のエネルギーレベルが近いので、やはりこの場合も軌道の混成が起こる。しかしその混成の仕方はsp^3混成の場合と少し異なる。それは、２重結合といっても、まったく同じ単結合が２本あるわけではないということだ。１本目と２本目の化学結合には、大きな性質の差がある。

まず混成した４つの軌道から、３本の単結合を作ることを考えよう。結合する相手が３つの原子しかなければ、電子が結合を作ることで自由に動き回れる結合の領域は３つしかないからだ。３つの結合を混成軌道で作るには、s軌道１つとp軌道２つを使えばよい（図1-27(a)）。p軌道に１個電子が残るが、そのことは後で触れる。３つの隣接する原子に等しく価電子を出すには、このような混成、つまりsp^2混成すればよい。３つの結合は等価であるから、それを空間的にぶつかりがないように配置させるためには、３つの結合が１つの平面上にあり各結合のなす角が120°

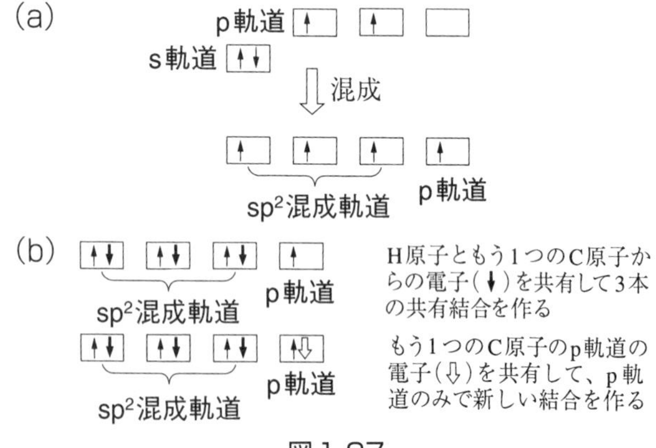

図1-27

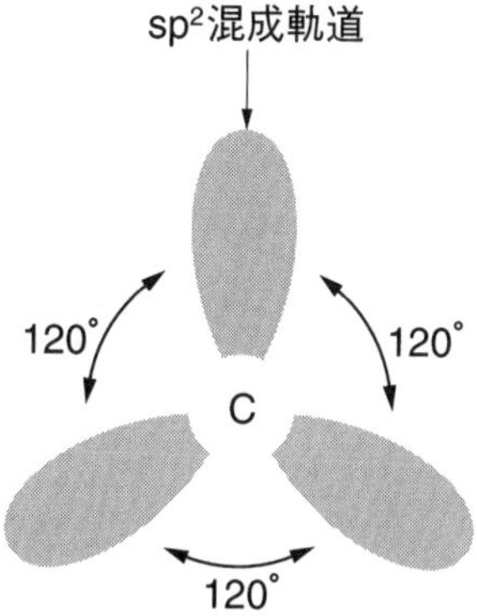

になればよい（図1-28)。つまりsp^2混成をとると、分子はこのC原子の部分で平面的になる。C原子のsp^2混成をとった電子とH原子からの電子が共有結合を作る。その時、図1-27(b）のように1つの軌道にはスピンが逆の電子が対になって入る。

図1-28

さて、1つだけ電子の入ったp軌道が余ってしまった。これまでの話から、このp軌道の電子がだまってじっとしているとは考え難いだろう。正にそうであり、じっとしているどころか、sp^2混成に参加した電子たちよりずっと高い自由度がこの電子には与えられるのである。隣り合う2つのC原子に残るこの軌道の電子は、互いに意気投合して対になり、空間を自由に動き回ろうとする。むろん2つのC原子の間にある空間である。しかしp軌道の電子のみを共有したこの結合は、sp^2混成軌道を使った単結合とは重なることはできない（電子同士が衝突してしまうので)。したがって図1-29に示すように、このp軌道の電子はエチレン分子の平面（2つのC原子と4つのH原子はすべて1つの平面にのっている）に垂直な領域を動き回ることになる。この図に示すように、その領域はエチレン分子の平面の上下にまたがっている。

直観的に考えても、C原子間でsp^2混成の結合が占める

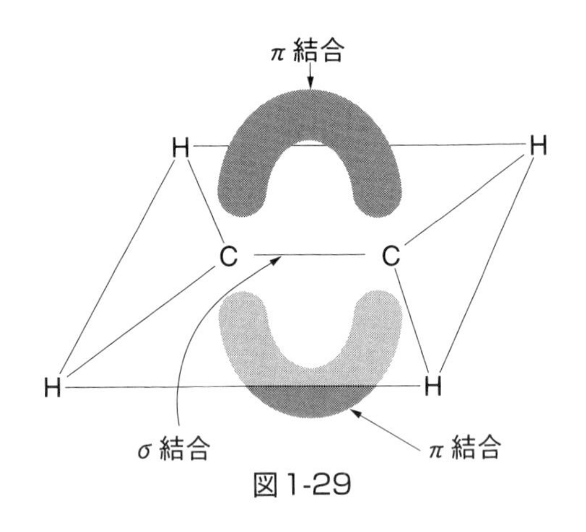

図1-29

領域よりも、この領域の方がずっと広く、電子はより活発に動き回れることが想像できるだろう。つまり、反応性に富むことが予想される。実際にこの結合の電子の化学反応性は、sp^2混成の結合の電子よりもずっと高い。化学式ではまったく同じに表現されるC═Cの２重結合の２本の結合は、性質が大きく異なる。

sp^3やsp^2混成によってできる結合をσ（シグマ）結合と呼び、p軌道電子のみからできる結合をπ（パイ）結合と呼ぶ。σはギリシア文字で、英字のsに対応している。つまりσ結合とは、s軌道が強く関係していることを意味する。同様にπはギリシア文字で、英字のpに相当し、π結合はp軌道に由来していることを示す。

有機化合物において、σ結合は原子同士のつながりをまず確保して、分子の骨格を作る上で重要な役割を果たしている。一方π結合は自由度の高い電子により分子にいろいろな化学反応性を与える役割を果たしている。σ結合がなければ分子は成り立たないし、π結合がなければ化学反応はあまり面白みのないものになってしまう。この2つの化学結合が上手に組み合わされて、非常に多様かつ興味深い分子が生まれることになる。σ結合を作っている電子をσ電子、π結合を作っている電子をπ電子と呼ぶ。化学者は性質の異なるこれら2つの電子を使いこなして、さまざまな分子を作り出す。

アセチレンには3重結合があった（図1-30(a)）。それではこの3重結合の内訳はどうなっているのだろうか(b)。まずσ結合から考えてみよう。この分子の中では、C原子は1つのH原子ともう1つのC原子と結合しているので、2sと2p軌道にある4つの電子のうち、2つのみをσ結合に使えばよい。つまりsp混成を考えればよい。これによってできた2本の等価な結合を、空間的に最大限に分散させる方法は直線しかない。実際に、アセチレン分子は直線状になっている。

それでは残った2つのp軌道の電子はどうなるのだろうか。これまでの話から、2つのC原子からの2つのp軌道電子は各々π結合を作ることは容易に想像できる。π電子の共有により、π結合ができる様子を図に示した。これら2つのπ結合がσ結合と重ならないで存在するためには、(c) のようにそれらが互いに垂直でかつσ結合と重ならない方法しかない。アセチレン分子では反応性の高いピチピチしたπ電子が、C—C結合の周りをぐるりと囲んでいる状態になる。アセチレンの化学反応性が極めて高いのはこ

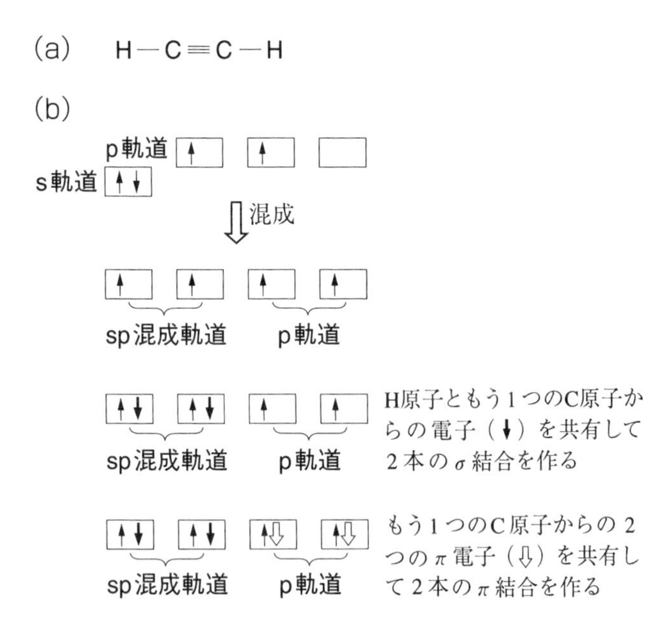
(a) H — C ≡ C — H
(b)
p軌道
s軌道
混成
sp混成軌道
p軌道
sp混成軌道
p軌道
H原子ともう1つのC原子からの電子（↓）を共有して2本のσ結合を作る
sp混成軌道
p軌道
もう1つのC原子からの2つのπ電子（⇩）を共有して2本のπ結合を作る

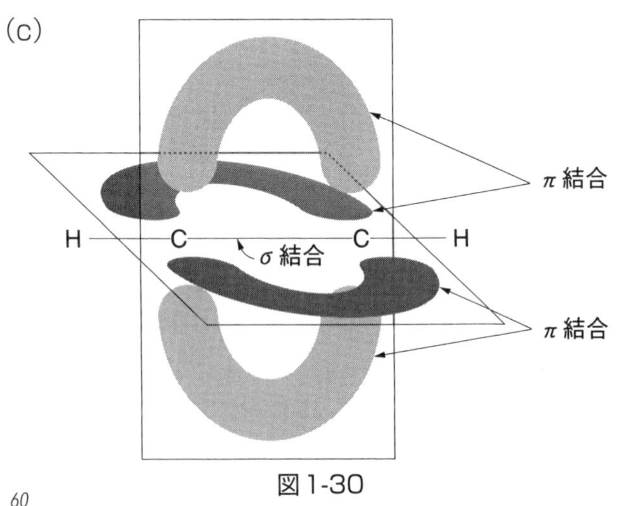
(c)
π結合
H
C
C
H
σ結合
π結合

図1-30

の理由による。

1－15　ＯやＮ原子も混成軌道を使う

水分子中のＨ—Ｏ—Ｈ角度を後で述べるＸ線結晶解析という強力な実験方法で調べてみると、図1-31のように約105°になっている。Ｏ原子の価電子数は６個で、その内２個が２s、４個が２p軌道にある。Ｏ原子の場合にも、実は混成が起こっている。２s軌道と２p軌道の電子が混成して、図1-32のようなsp^3混成になっている。このとき対になっている電子対は、非共有電子対として働く。sp^3混成ということから、２つの結合と２つの非共有電子対は４面体構造をとっているはずであり、実験で求めた構造はそのことを示している。つまり水分子は図1-33のようにＯ原子が４面体の中心にあり、４つの頂点を２つのＨ原子と２つの非共有電子対が占めることになる。

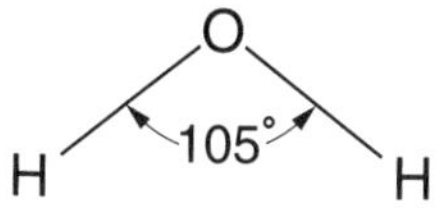

水分子がもしメタンと同じように厳密な正

図1-31

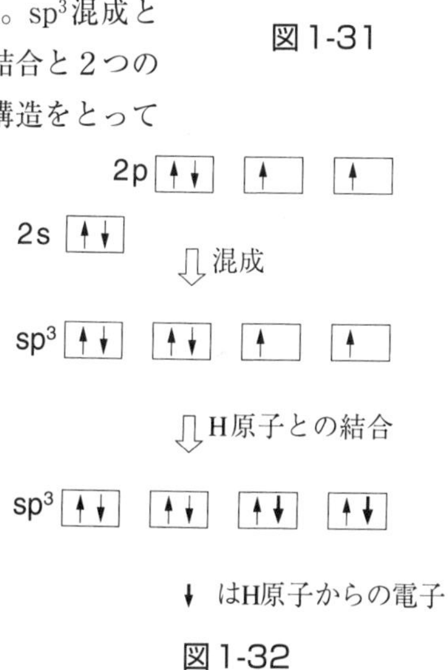

図1-32

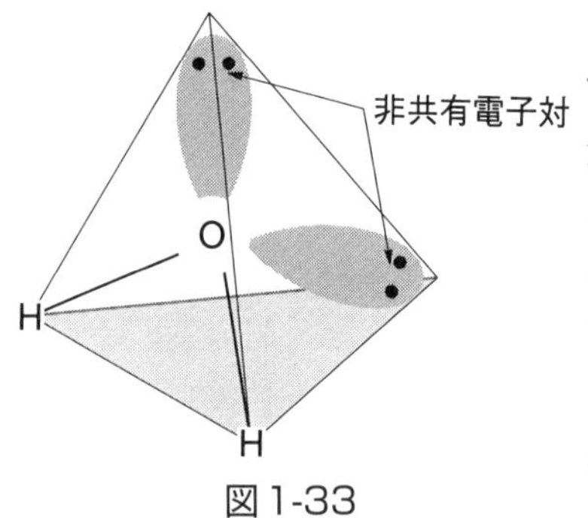

図1-33

４面体に近い構造だとすると、H—O—Hの角度は109°28′に近くなるはずである。ところが、水分子の場合この角度が少し小さくなっている。その理由は後で述べることにするが、水分子のO原子がsp^3混成をとっていることには違いない。この結果は非常に重要である。というのは、２つの非共有電子対がH—O—H平面に対して反対方向に突き出るからである。この非共有電子対の方向性は水分子の性質を決める上でとても重要な役割を果たす。

水分子をH_2Oと書いてはまったく予想できない水の性質が、図1-33のように書くといろいろ見えてくる。

私たちはさまざまな数字の特徴を表すために、図解したりグラフを書いたりして、それを見やすくするとともに、そこからなんらかの傾向や場合によっては法則を汲み取ろうとする。図解の仕方によっては、本来見えるはずのものが隠れてしまうこともある。折れ線グラフで分からなかったものが、円グラフにすると見えてくるということもある。同じ物でも視点を変えたり、表現方法を変えることでそこから得られる情報に差が出てくる。H_2Oと表現した水分子はあまり反応性に富むようには見えないが、図1-33のように描くと、その反応性が伝わってくる。

アンモニア分子の形を実験的に求めてみると、やはりほぼ正４面体に近い構造をとっている。図1-34のようにN原子が４面体の中心にあり、４つの頂点を３個のH原子と１つの非共有電子対が占める。N原子の５個の価電子は２sに２個、２pに３個あるが、やはり結合を作るのに伴ってこれらの電子に混成が起こり、図1-35に示すようにsp^3混成軌道が４つ作られる。sp^3軌道は正４面体形の各頂点方向に向き（配向し）、１つの頂点を非共有電子対が占め、他の３つの頂点にはH原子が結合することになる。N原子の非共有電子対がこのように分子の一方向に突き出すので、アンモニアも化学反応性が高く、電子が不足している原子にこの電子対を積極的に与えて反応することが可能である。

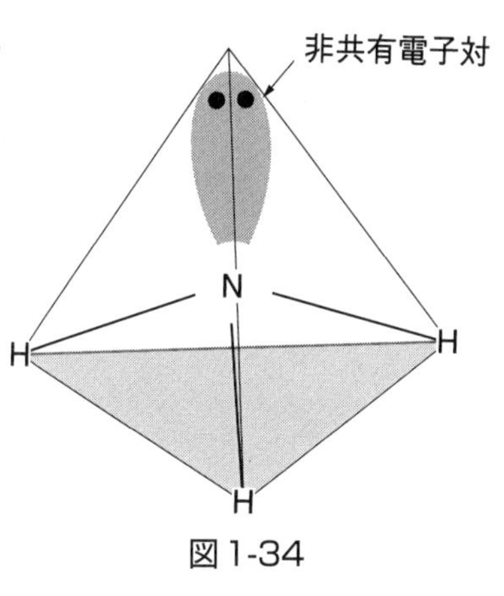

図1-34

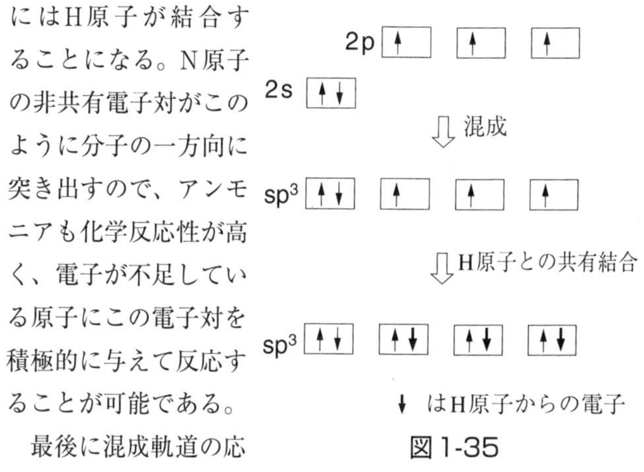

図1-35

最後に混成軌道の応

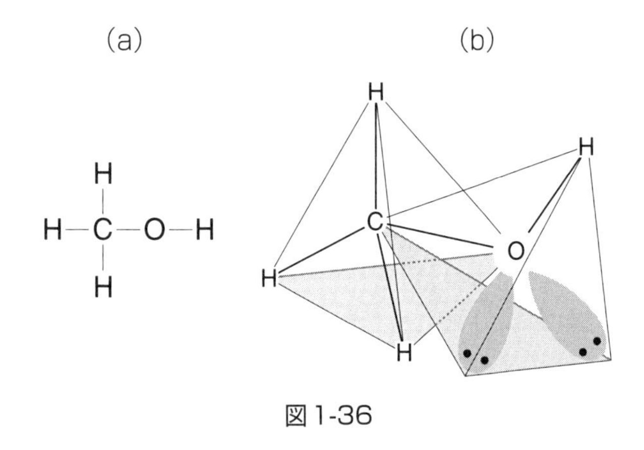

図1-36

用問題としてメタノール分子を考えてみよう。メタノール分子は図1-36(a) のような構造をとっている。C原子は4つの原子と単結合しているので sp^3 混成をとる。またO原子も水分子と同様に sp^3 混成をとる。したがって分子は(b) のような立体的な構造をとり、O原子からの2つの非共有電子対は分子の外側に向かって突き出す形をとっている。この電子の化学反応性も高く、アルコールの化学的な性質を決める。

1-16 第1章のまとめ

この章では化学結合の基本を学んだ。化学結合の主役は電子である。化学結合、さらには化学を理解するためには、まず電子の性質を理解することが大事である。この章では繰り返し電子の性質を述べてきた。難しい言い方や数式を使えば、もっときちんとした説明ができるが、ここでは思い切って感覚的に電子の性質を知っていただくことにした。「電子は寂しがり屋」で、「１つぽつんといるのが嫌い」であり、できたら「２つがペアになりたがっている」。この電子の性質が、化学結合の最も基本になっていることも繰り返し述べてきた。しかし、電子は単なる寂しがり屋の甘えん坊ではない。電子は新天地や独立する機会があれば、進んで寂しさをこらえて独立していくのだ。そしてそこで積極的に他の原子からの電子とペアを組み化学結合を作り、新境地を開いていく。私たちをとり囲む森羅万象が、さまざまな化学物質で彩られているのは、実は電子のこの性質によっているのだ。

電子は目に見えない小さいもので、私たちの体の中にも無数にある。私たちが生きていることも、もちろんこの電子たちの働きのおかげである。以下の章では、さらに電子たちの活躍ぶりを見ながら化学の基礎である化学結合と、ダイナミックに起こる化学反応について見ていきたいと思う。もし各章で分からないことがあっても、どんどん先に読み進んで欲しい。電子が活躍するいろいろな場面をまず見ることが必要であり、その性質を皆さんが身近なものとして感じることが先決であるので、詳しい理屈を理解する必要はない。電子というものの個性が感覚的に分かり、その挙動が納得でき、そしてそれを通して化学が理解できれば充分である。その後で時間があれば、その理屈を考えればよい。

第２章
電子は動く

原子同士を結合させる上で、電子が非常に重要な役目を果たしていることを第１章で見てきた。物質科学の世界は、電子によって支配されていると言っても過言ではない。電子の性質が理解できたら、物質科学のかなりの部分が理解できたと言える。とても小さくて目に見えない電子の言葉と立ち居振る舞いを理解し、その電子を上手に操ることができれば、私たちは今抱えているいろいろな問題、すなわち病気や環境問題そして精神世界に関することまでも解決できるかもしれない。化学はプラスティックなどの化学製品だけではなく、もっと広い領域で私たちと接している。

第１章では化学結合、特に共有結合における電子の役割と混成軌道について見てきたが、分子の中では電子はもっとダイナミックに生き生きと動いている。その様子をこの章では見ていくことにしたい。

2－1　ベンゼン分子中の電子

石炭を高温で乾留すると、コール・タールができる。乾留とは空気に触れないようにして固体を加熱して、その結果できるものを集める操作をいう。コール・タールは真っ黒などろっとした液体であり、道路の舗装用によく使われる。このコール・タールの中には実にさまざまな有機化合物が含まれる。このコール・タールにさらに分留という操作をすると、これらの有機化合物を分け取ることができる。分留とは蒸留の一種である。有機化合物によって沸点が違うので、それらの混合物の温度を徐々に上げていくと、沸点の低いものから順に蒸気になっていく。適当にその蒸気を冷やしてやると、沸点の異なる成分を分け取ることができる。

コール・タールを分留した時、170 ℃以下の温度で蒸気になって出てくる成分に、ベンゼンという分子がある。ベンゼンは有機化合物を非常によく溶かすので、溶剤としてよく用いられてきたが、発ガン性が認められたことから最近では化学実験室以外ではほとんど使われることがない。ベンゼンは特有の臭いを持っている。なんとなく甘い香りであり、昔は化学実験室に特有の臭いの１つだった。

ベンゼンはC_6H_6という化学組成を持った化合物で、それがどのような形をとっているかは初期の有機化学の大問題の１つだった。1865年、この分子は単結合と２重結合が交互に入った６角形の構造をとっていると発表された。この考えは非常に素晴らしく、当時としては極めて意義の深い提案だった。しかしその後ベンゼン分子に関する研究

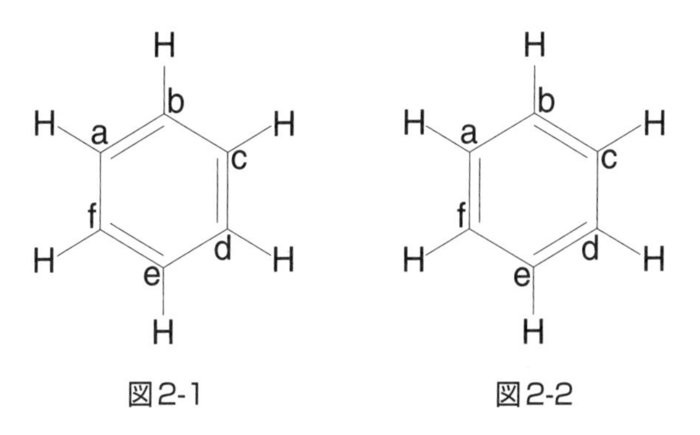

図2-1　図2-2

が進むと、どうしても**図2-1**の形では説明つかないことがいろいろと分かってきた。図2-1の構造では、単結合と2重結合があるから、反応性の異なる化学結合が2種類あるはずになる。ところが実験的には、どうしても6本の結合すべてが同じ性質を持っているとしか考えられない。勘のよい読者なら、この問題の後ろに、無邪気でいたずらっぽい電子の姿が見えるのではないだろうか。第1章でしつこく述べた電子の本性について思い出していただきたい。

それでは、順を追って説明しよう。各C原子について見ると、それらは3つの隣り合う原子（2つのCと1つのH原子）とまずσ結合している。これがいわば分子骨格である。このσ結合を作るのは、sp^2混成になった電子であることはもうお分かりだろう。

次にaとb、cとd、そしてeとfのC原子間ではp軌道の電子がπ結合する。ここまでは図2-1の構造の説明である。図をこのように書くとそうなるが、aとf、eとdそしてcとbの原子間にπ結合ができても上の説明はひとつも困らない。もしそうなると**図2-2**のような構造が書ける。

電子は自由の身であり、遊び心が旺盛である。図2-1と図2-2の可能性があれば、その両方とも試してしまう。いま図2-1の方を0.5、図2-2の方を0.5の割合でとると考え、2重結合を1.5重結合を表す点線に置き換えてみる。そしてさらに**図2-3**のようにそれらを足し合わせると、ある時間の平均で見る像が見える。すべてのC—C結合は1.5重結合になる。電子の動きは光の速さと同じで極めて速いので、私たちが実際にいろいろな現象を通じてベンゼンの性質を知ろうとすると、すべてのC—C結合は基本的に1.5重結合になっており、それらの結合の性質は同じになってしまう。ベンゼン内のπ電子は、むしろこの6角形をした6員環の中を駆け回っていると考えてよい。

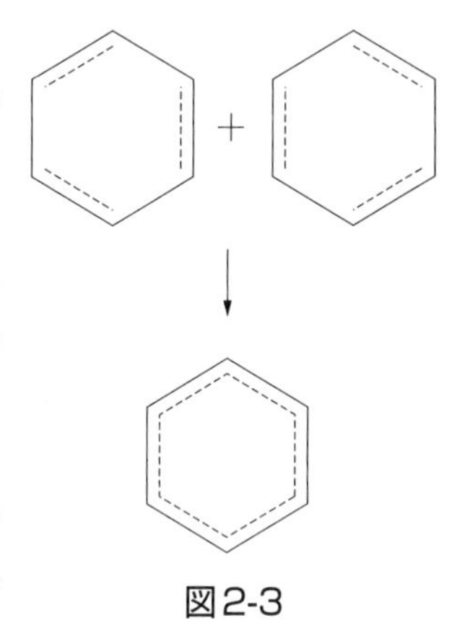
図2-3

多くの実験データから判断すると、図2-4のように、π電子はベンゼン環の上下にドーナッツ状に広がっていると考える方が妥当である。しかし普通ベンゼンを化学式で表す場合に、いちいちこのように書くのは手間がかかるので、図2-5の（a）ないし（b）のように、または電子

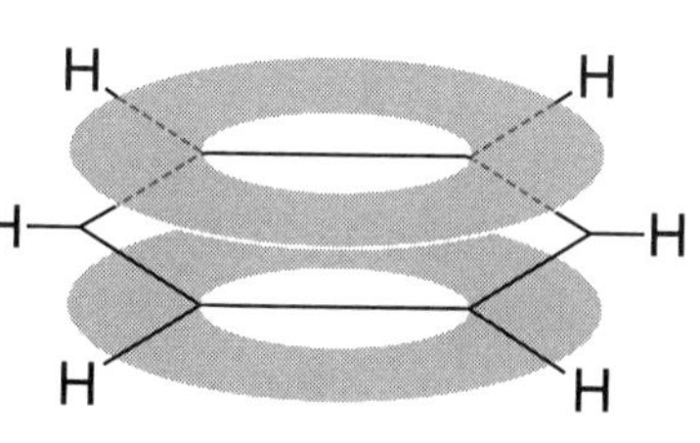

図2-4

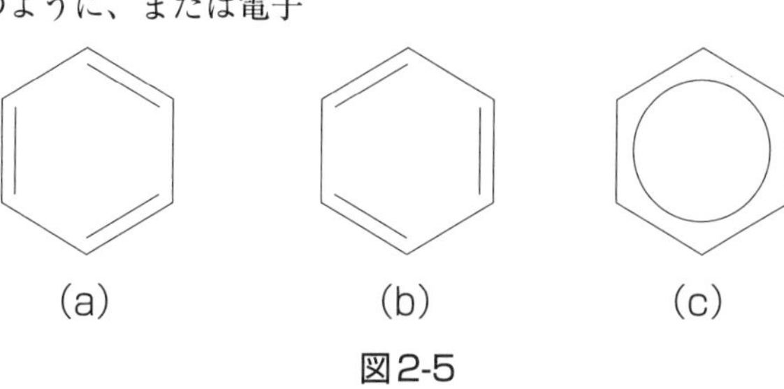

図2-5

がぐるぐる回っているという印象を伝えるために（c）のように表記する。電子は動ける可能性のあるところにはどんどん積極的に動いていく。動く範囲が広くなれば広くなるほど電子は満足する（安定化する）。もちろん電子だけが安定化するのではなく、分子全体が安定化する。ベンゼン中の電子のように広い範囲に電子が分布することを、電子の非局在化という。

人間社会では、あっちにふらふらこっちにふらふらしている人間はあまりよく思われないが、自然の原理ではこの方が理にかなっている。放っておけば、どんどんテリトリーを拡大していくのが自然の理である。ただ現実にはいろいろな外圧がかかってできないだけである。この辺でよいのではないかと遠慮できるのはたぶん人間だけである。だから環境問題にしても人間が考えなければどうしようもないのであるが、一方でその元凶は自然の理にかなった人間の自由奔放な拡大路線である。個の自由を尊重するのが流行であるが、それは決して人間に特徴的な特性ではなく、特に強調する必要もない本質的な特性である。むしろ人間の特性として強調されるべきは、個の自由度をいかに合理的に自粛できるかではないだろうか。自粛も立派な進歩の１つだと思う。

一方、原子が集合して分子を作り、分子が集合して生命を作り、それから精神というものが派生するなら、どうあがいても精神の中に原子や分子の世界の原理が色濃く残っていても仕方がない。こうした事実を踏まえた上で、私たちの幸福というものを実現するためには、どのようなスタンスで物事に臨めばよいかを系統的に考える時期が来ているのではないだろうか。過去の紆余曲折を経てでき上がっている現代の物の考え方は、少なくとも科学的な事実から判断すると、必ずしも最も妥当なものではない可能性が高い。一度これらの既成概念をご破算にして、科学的実体として私たちとそれを囲む環境を捉え直し、改めて私たちの幸福を実現するという観点から私たちのとるべき行動の基本的な規範を作り直してみることも必要なのではないだろうか。

電子の非局在性は、電子の本性からは当然であり、ベンゼン分子だけにとどまるものではもちろんない。可能性のある場合にはどんどん非局在化していく。ベンゼンは単に典型的な１例に過ぎない。図2-6に示したのは1,3-ブタジエンという化合物である。C^1とC^2そしてC^3とC^4の間に２重結合がある化合物である。学校で教わるこの分子式のイメージからすると、２重結合はC^1とC^2の間、およびC^3とC^4の間の＝で示された位置に局在している（固定している）と思ってしまうだろう。しかしベンゼンの話から察しがつくと思うが、C^2とC^3にはπ電子がうずうずしてい

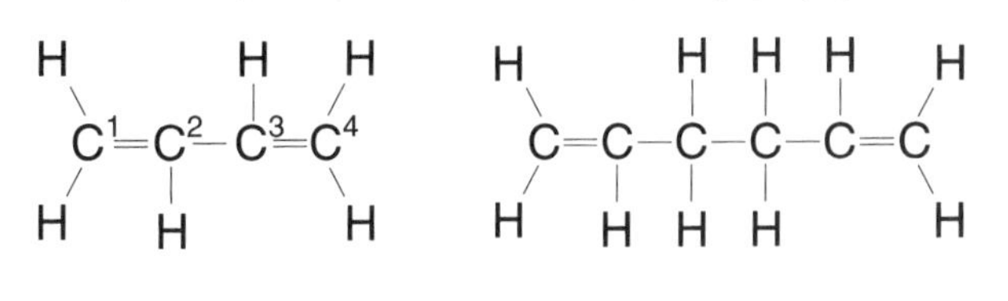

図2-6　　図2-7

る。1つの結合をはさんだ向こう側には、さらに動き得る領域が待っている。例えが悪いが、我慢し切れなくなったπ電子はC^2とC^3の間の結合にも染み出していく。つまり非局在化が起こる。実験結果はこの分子のC^2—C^3結合は純粋な単結合ではなく、2重結合に少し近づいた性質を持つことを示す。

しかし、いくら電子がこのような性質を持っていても図2-7のようにπ結合（2重結合）の間に2本以上の単結合があると、それを押してまでも染み出すことはできず、もとの2重結合の位置にある程度おとなしく納まっている。単結合と2重結合が交互に並んでいるときには、電子の非局在化は間違いなく起こると考えてよい。

2-2 異なる原子間の共有結合

塩化水素はHClという化学式で表されるが、この分子はHとCl原子が共有結合したものである。塩化水素の水溶液が塩酸である。Cl原子の原子番号は17で、K殻とL殻には電子が満ちており、M殻に7個の電子がある。M殻の7個の電子が価電子ということになる。Cl原子も価電子の合計が8個になると、やはり安定になる。そこでH原子からの価電子1個がCl

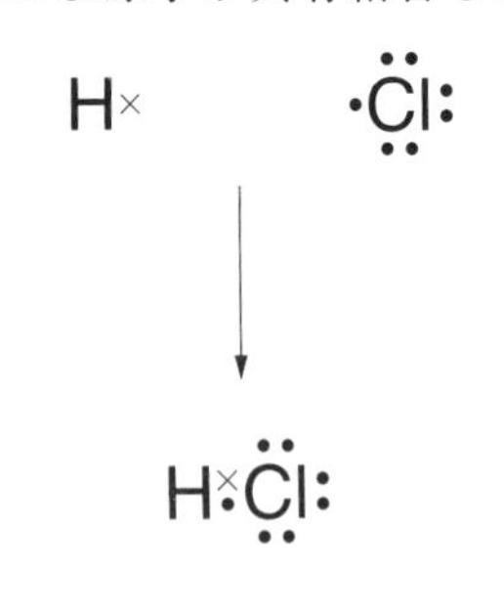

図2-8

原子の1個の価電子と対を作り、共有結合すると、HとCl原子の両方の要求が満たされる（図2-8）。ここまでのストーリーはこれまで習ってきたことの復習である。ここでは、もう少しこのHとClの間の関係に目を向ける。

原子間の結合に関与するのは、価電子である。内殻電子によるマイナスの電荷は、常にそれに対応する原子核のプラスの電荷とキャンセルし合っているので、内殻電子が結合に影響を与えることは事実上ほとんどない。例えばCl原子の場合、内殻の電子10個によるマイナス電荷は常に原子核のプラス電荷とキャンセルしているので、これらの電荷が結合に影響を及ぼすことはない。しかし、外殻にある7個の電子は動き易いので、結合に影響を与える。つまり価電子は結合を作るとともに、その電荷は結合に少なからず影響を与える。H原子の場合は電子はいずれにせよ1個しかなく、原子核には1個の陽子しかない。

HとClの間に共有された電子は、共有されてはいるものの決して奴隷ではなく、この結合の領域を中心にある程度自由に動くことができる。自由に動けることが結合を作ることのそもそもの始まりだったことを思い出して欲しい。

結合の間を自由に動ける電子の立場になって考えてみよう。価電子のマイナス電荷をキャンセルするために、H側には＋1、Cl側には＋7の電荷がある。プラスとマイナスの電気は引き合う。だから言わずもがなであるが、マイナスである電子は＋1よりも＋7に魅力を感じる。だから＋7の電荷の方が引く力が強いので、共有された電子はCl側

図2-9

に偏る傾向にある。つまり共有結合に関与する電子の一部は、Cl原子側に引き寄せられるということになる。結果としてCl原子はほんのわずかだけマイナスの電荷を帯び、H原子は逆にほんのわずかだけプラスの電荷を帯びることになる。これを電子式で表すと、図2-9のようになる。ほんのわずかというのを、科学ではδ（デルタ）というギリシア文字で表すのが普通である。したがってほんのわずかなプラスをδ+、ほんのわずかなマイナスをδ−と表現する。

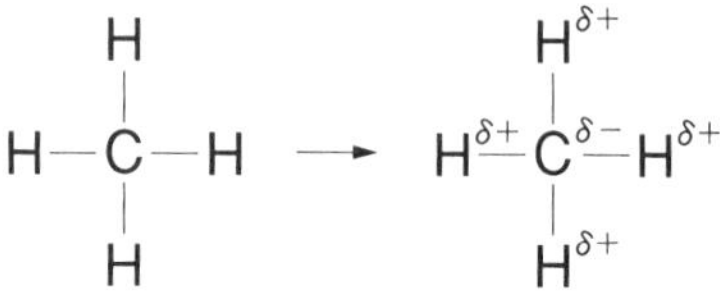

図2-10

結合を作るのに関与する原子がこのように異なる原子種であると、大なり小なり同様のことが起こる。メタン分子の場合でもそうである。C原子の価電子とつりあう原子核の電荷は＋４である。したがって＋１の電荷しかないH原子の原子核とは、電子を引き付ける強さに差があり、共有電子はC原子の方にわずかに偏る。その結果図2-10のようにメタン分子中のC原子はごくわずかにマイナスの電荷を帯び、電子を少しとられてしまうH原子は逆にわずかにプラスの電荷を帯びるようになる。このごくわずかな電荷の偏りが、分子の性質を大きく左右する。

このように、分子全体では電荷がゼロになっているはず

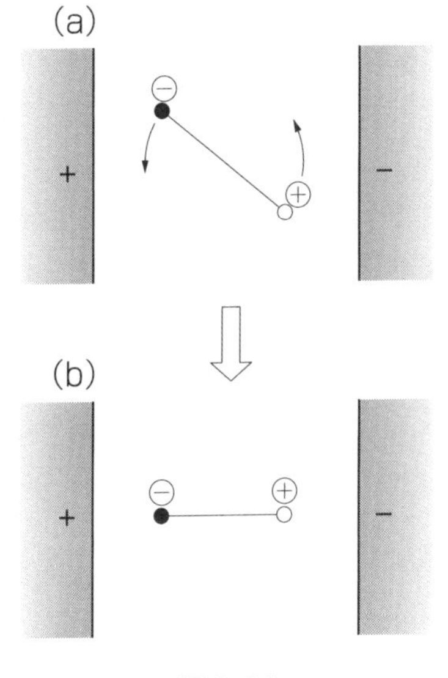

図2-11

の分子の中で、各原子に電荷の偏りが起こることは珍しいことではない。むしろ電子の性質を考えると、じっとしていることが不自然というものである。もともと中性という概念は全体として成立するもので、局所的にみればたいていは偏りがある。

HCl分子のように、分子の端に電子が偏ることを、プラスの極とマイナスの極に分かれることから、「分極」という。このように分極した分子を、図2-11(a) のようにプラスとマイナスの電気を帯びたところ（電場）に置くと、その分子は電場の影響を受けて (b) のように並ぶようになる。どの程度強く並ぶかは、分極している両端の電荷の大きさとそれらの電荷の間の距離による。なにか物理の難しい問題を考えているような気になってきた人がいるかもしれないが、私たちの体の中で起こっているさまざまな生命現象の分子レベルでの原因は、分極した分子がある方向に並ぶことと密接に関係している。

2-3 電子を引っぱる強さ

HとCl原子そしてHとC原子との関係で、どちらの原子がより電気的にプラスまたはマイナスになり易いかを見てきた。分子の中で化学結合している各原子がどの程度マイナスになり易いか、別の言い方をすればどの程度電子を引き付けることができるかを示す尺度は、各原子について求められている。これを「電気陰性度」という。**表2-1**におもな原子の電気陰性度を示す。価電子の数と電子の引きつけ易さの関係は、この表からも明らかで、価電子数が多いものほど電気陰性度が大きい。また同じ価電子を持つ原子でも、原子番号が大きくなるに従い電気陰性度は小さくなる。原子番号が大きくなるに従い内殻の電子数が増え、これらの電子が核のプラス電荷の効果を和らげてしまうからである。電気陰性度の値が分かっていると、分子の中で電子がどの原子の方に偏っているかが理解できる。化学結

おもな原子の電気陰性度(カッコ内の数字)

価電子数	1	2	3	4	5	6	7
	H(2.1)						
	Li(1.0)	Be(1.5)	B(2.0)	C(2.5)	N(3.0)	O(3.5)	F(4.0)
	Na(0.9)	Mg(1.2)	Al(1.5)	Si(1.8)	P(2.1)	S(2.5)	Cl(3.0)
	K(0.8)	Ca(1.0)	Ga(1.6)	Ge(1.8)	As(2.0)	Se(2.4)	Br(2.8)

表2-1

合を考える上で非常に役立つので、電気陰性度の傾向は覚えておいても損にはならない。

塩化水素のように、分子内で電子が特定の原子に偏り、かつ図2-11のように電場の中である方向に並ぶような性質を持っている分子を「極性分子」という。これに対して、電場の中に入れても分子の並び方がほとんど変わらない分子を、「非極性分子」という。私たちの体の中で特定の分子がどのような働きをするかは、その分子の極性によってかなり左右される。

しかし、分子全体としてその分子が極性を持つか持たないかは、分子内の電子の偏りだけでは決まらない。電子が偏らないと話は始まらないが、極性を決める上で〝分子の形〟が重要な役割を果たす。

HClは文句なく極性分子であるが、メタン分子はどうだろうか。メタン分子でC原子は$\delta-$に、H原子は$\delta+$に帯電していると説明した。だったらメタン分子も極性分子にな

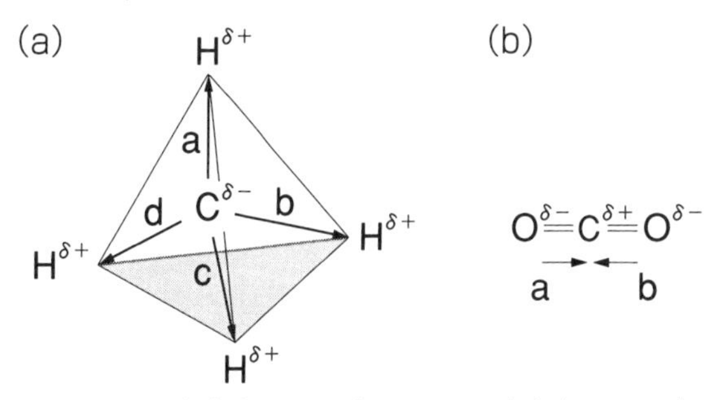

a、b、c、dの矢印(ベクトル)がお互いに打ち消し合うために方向性はなくなる

a、bの矢印(ベクトル)はお互いに打ち消し合う

図2-12

るはずである。しかしメタン分子は正４面体構造をとっていて、４本のC—H結合は空間的にまったく等価に分散している。したがって１本のC—H結合についてみると$C^{\delta-}$—$H^{\delta+}$と分極しているが、分子全体で見ると４本の分極したC—Hはお互いに分極の効果を打ち消しあって、分子全体は非極性の性質を示す（図2-12(a)）。

同様に二酸化炭素も非極性である。二酸化炭素は１つのC原子が２つのO原子と２重結合したものであり、分子は直線状になっている。O原子の電気陰性度はC原子より大きいので、O原子は$\delta-$にC原子は$\delta+$に分極するが、分極している向きがまったく逆向きである。したがって二酸化炭素も非極性分子ということになる（図2-12(b)）。

それでは、水分子はどうだろうか。62ページで述べたように、水分子のO原子はsp^3混成をとり、２本のO—H結合と２つの非共有電子対は４面体の頂点を向くように配

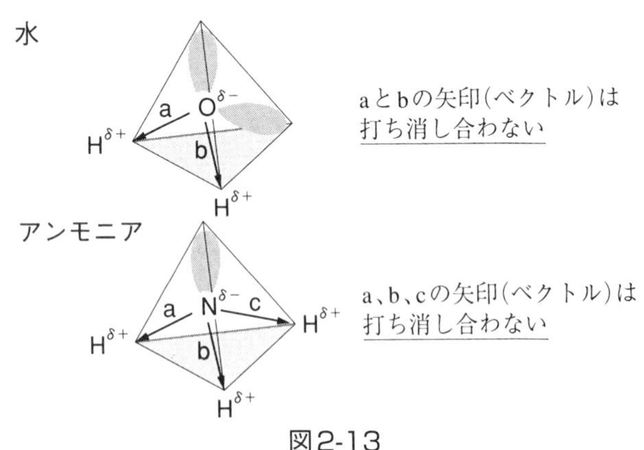

図2-13

列する。O原子の電気陰性度はH原子より大きいので、O原子は$\delta-$に、H原子は$\delta+$に帯電する（図2-13）。水分子の構造上、2つの矢印は打ち消し合わない。したがって水分子は極性分子になる。実は水分子は極性分子の代表である。

アンモニア分子はどうだろうか。アンモニアのN原子もsp^3混成をとる。やはりN原子はH原子より電気陰性度が大きいので、N原子は$\delta-$にH原子は$\delta+$に帯電する。図2-13で3つの矢印は互いに打ち消し合わず、むしろ強め合っている。したがってアンモニアも極性分子ということになる。

CO_2をはじめとする非極性分子は、一般に化学的に不活性（あまり他の物質と反応しない）であり、水やアンモニアなどの極性分子は反応性に富むことが多い。

しばらく前になるが建材や建築時の溶剤に含まれ、新築家屋での毒性が大きな問題になった化合物にホルムアルデヒドがある。ホルムアルデヒドを水に溶かしたものがホルマリン溶液で、生物の標本を保存するために使われている。

さてこのホルムアルデヒドは図2-14(a)のような化学構造をしている。O原子（価電子数6）はC原子（価電子数4）より電気陰性度が高いので、(b)のようにO原子が$\delta-$にC原子が$\delta+$になっていることは想像できる。ホルムアルデヒドではCとO原子の間の結合は2重結合であり、π電子はσ電子よりさらに動きやすい。したがってこのπ電子はかなりO原子の方に引っぱられている。電子が

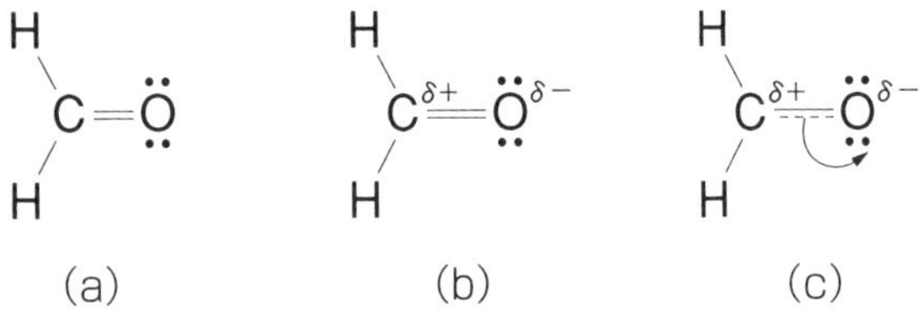

(a)　(b)　(c)

図2-14

動く様子を巻き矢印で示し、その様子をあえて図示すると(c)のようになる。

2重結合になった電子の一部がO原子の方に引っ張られて、O原子に余分の電子が乗った形（$\delta-$の量が大きくなる）になる。この電子の流動性がこの分子の反応性と深く関わっていることは言うまでもない。

もちろんホルムアルデヒドは極性分子である。

2-4　より柔軟な電子の移動

図2-15(a)のようにカルボン酸（RCOOH：Rは任意の原子の集まりを表す。例えば、酢酸CH_3COOHの場合なら、RはCH_3）は解離して水素イオンを生じ、酸性を示す。もともとH^+と$R-\overset{O}{\overset{\|}{C}}-O^-$は共有結合していたのになぜこのように解離するのだろうか。(a)の式は正しくは(b)のように水を仲立ちにしている。簡単のために(a)のように表記しているだけである。

まずカルボン酸の価電子と化学結合の関係を書いてみよ

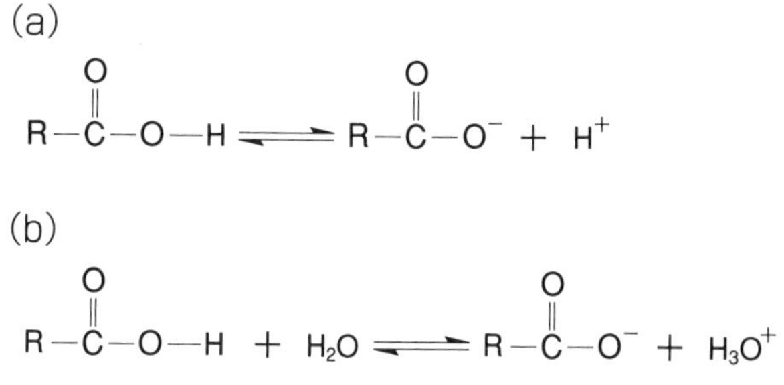

(a)

$$\mathrm{R{-}C({=}O){-}O{-}H \rightleftharpoons R{-}C({=}O){-}O^{-} + H^{+}}$$

(b)

$$\mathrm{R{-}C({=}O){-}O{-}H + H_2O \rightleftharpoons R{-}C({=}O){-}O^{-} + H_3O^{+}}$$

図2-15

う。共有結合は線で表すことにする（図2-16(a)）。すでにホルムアルデヒドのところで見たように、O原子はそれに結合したどの原子よりも電気陰性度が高いので、(b)のように$\delta-$になっている。そこでカルボン酸が解離した場合を考えてみよう。まず図2-17(a) のようになるだろう。ここでC═OのO原子は2重結合からπ電子を引っぱり、マイナスになろうとする。もしそのようになると、C原子の周りの電子数は少なくなってしまい、C原子はプラスの電荷を帯びる状態になる (b)。そうすると、すかさず右下のO原子からの電子がこのプラスの（電子のない）領域を満たそうと流れ込み、(c) のような状態になる。結局、解離したカルボン

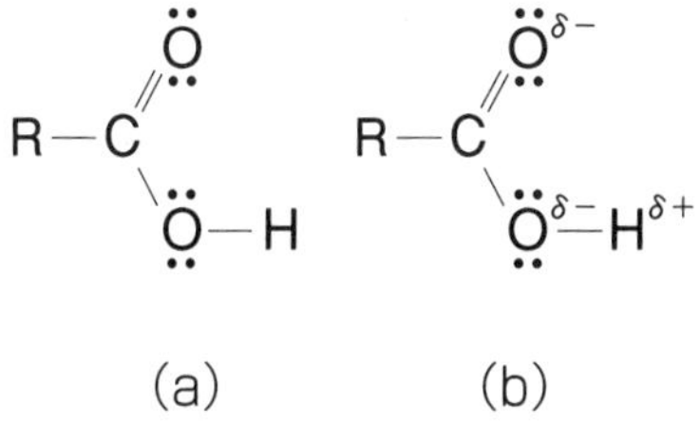

(a) R—C(═Ö)—Ö—H

(b) R—C(═Ö$^{\delta-}$)—Ö$^{\delta-}$—H$^{\delta+}$

図2-16

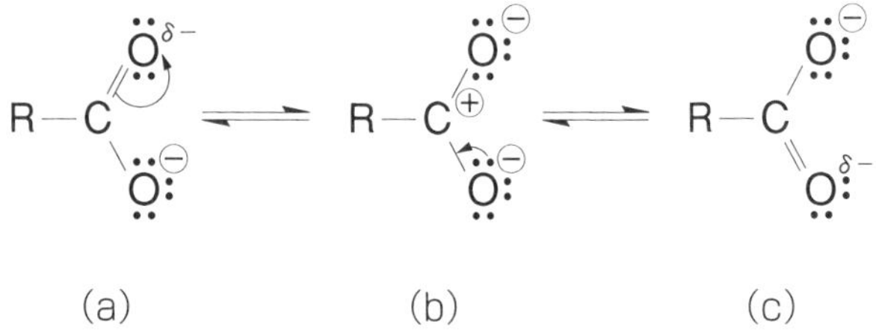

$$\mathrm{R{-}C(=\ddot{O}{:}^{\delta-})({-}\ddot{O}{:}^{-})} \rightleftharpoons \mathrm{R{-}C^{+}({-}\ddot{O}{:}^{-})({-}\ddot{O}{:}^{-})} \rightleftharpoons \mathrm{R{-}C({-}\ddot{O}{:}^{-})(=\ddot{O}{:}^{\delta-})}$$

(a)　(b)　(c)

図2-17

酸は（a)、(b）そして（c）のように複数の構造をとることが可能であり、矢印が示すように、それらの間を行ったり来たりすることができる。このように複数の可能な状態をとりうることを、化学では共鳴という言葉で表す。実際には（a)、(b）そして（c）の構造をある瞬間にとるというのではなく、これらをすべてミックスしたような状態にある。したがって、カルボン酸陰イオンはこれらの構造が混ざったものであると言える。

話が難しそうになってきてしまったが、電子の立場から見ると非常に単純である。要するにカルボン酸陰イオンでは、O、CおよびO原子の間をかなり自由に電子が行き来できるということを図2-17の共鳴構造は示している。分子の中で、「電子の動ける範囲が広がる」ということはその分子がエネルギー的に安定化することなので、カルボン酸はできればカルボン酸陰イオンになりたいという傾向をもっている。しかし条件がある。それはH^+イオンの引き取り手がいるということである。H^+イオンを引き取って

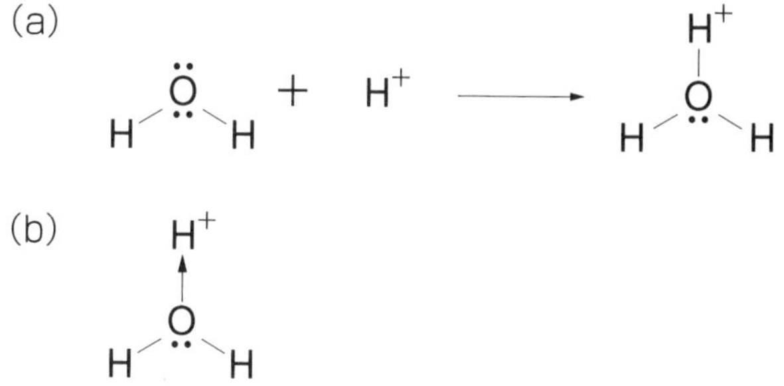

(a)

$$H_2\ddot{O}: + H^+ \longrightarrow H_3O^+$$

(b)

図2-18

くれる相手が見つかれば、カルボン酸はさっさとH^+を手放して陰イオンになる。

水分子は、H^+イオンの非常によい引き取り手である。水分子のO原子には非共有電子対が２つもある。この電子たちもじっとしているより、もっと広い領域に分布したいという欲求を持っている。そこにH^+がのこのこ来ると、このH^+の電子不足の欲求不満とO原子の欲求不満の利害がみごとに一致する。そこで迷わず図2-18(a) のようにH_3O^+という形になる。

H_3O^+をヒドロニウム・イオンと言う。H^+は電子を持っていないので、O原子の１つの非共有電子対をまるごと共有する。H^+からの寄与がないことを示すために、(b) のように矢印を使うことがある。このことについては、後でまた説明する機会がある。さて、このように水の中にカルボン酸を溶かすと、周りにH^+の引き取り手がいっぱいいるのでカルボン酸は迷わずH^+を離して陰イオンになる。そして水の一部はヒドロニウム・イオンになる。

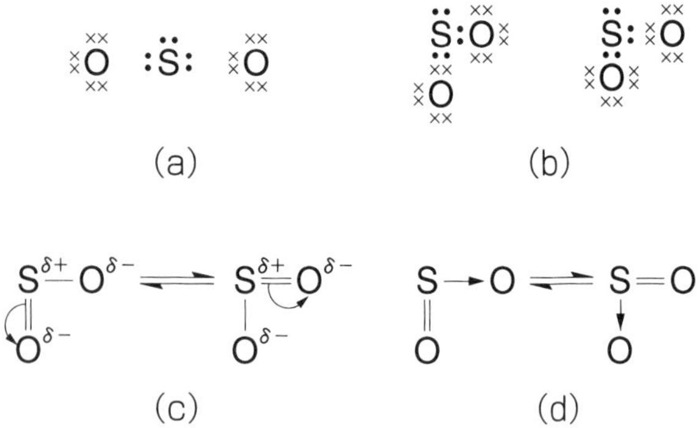

(a)　(b)

(c)　(d)

図2-19

価電子を表現して分子の中の化学結合を表すと、化合物の特徴が非常によく分かることがいままでの話から分かったと思う。ただし電子の自由な動きを表現するためには1つの状態で表現することは難しく、複数の状態の共鳴混成として表現せざるを得ないことも分かった。この章の最後に、そうした共鳴の例として二酸化硫黄の構造について見てみよう。

二酸化硫黄は亜硫酸ガスとも呼ばれ、大気汚染の原因の1つである。S原子の原子番号は16で、M殻に6個の価電子を持っている。O原子の価電子数も6個である（図2-19(a)）。これらの原子の周りの価電子の合計がすべて8個になるように化学結合を作ると、(b) のように2とおりが考えられる。いずれの場合も、1つのS—O結合にはS原子からの非共有電子対が当てられる。H_3O^+で見た場合と同じである。これでとにかく各原子の周りの総価電子数が8個になるので、安定になるはずである。しかし、もし（b）のようになっているとすると、SO_2分子の中には単結合と2重結合があるはずである。

実験的に求められた2つのS—O結合距離は共に1.432Åで、本質的に同じである。

表2-1（78ページ）の電気陰性度を見ると、S原子よりO原子の方が電気陰性度が大きい。したがって（c）のようにO原子側にマイナスの電荷が偏る。O原子にある非共有電子対と2重結合の電子はいずれも動きやすい性質を持っているので、O→S→OそしてO←S←Oのように電子は自由に流れる傾向にある。すなわち、SO_2は（d）のように2つの構造の共鳴混成体として存在する。したがって結果的には2つのS—O結合は等価になり、その結合距離は等しくなる。電子は状況によっては分子の中をある程度自由に動き回ることができる。しかし、その様子を価電子の配置を示したひとつの構造で表すのには自ずと限界がある。共鳴構造というのはこうした状態を直観的に理解させるために開発された興味深い考え方のひとつと言える。

第3章
化学結合は
他にもないか

有機化合物を考える限り、共有結合が基本であるが、この章では共有結合以外で原子を結びつける化学結合について簡単に述べることにする。無機化合物の中には有機化合物の場合と異なった特徴がいろいろと見られるが、この本では生物化学、薬学、農学、バイオテクノロジーなどを分子レベルで理解する場合に必要な結合について限定して述べる。無機化合物に固有の問題についてはここでは立ち入らない。

3-1 共有結合と本質的に同じ配位結合

85ページのところで、ヒドロニウム・イオンを形成するためには、O原子の非共有電子対がそっくりそのままH^+との共有結合に使われることを述べた。本来、共有結合というのは結合を作る原子同士が1個ずつ電子を出し合って、それら2つの電子を共有するものであるが、このように状況によっては片方が電子をすべて負担した形の共有結合もあり得る。このような結合を純粋な共有結合と区別して「配位結合」と呼ぶ。結合ができる条件はともかく、いったんできてしまった結合の性質が共有結合と変わらないことから、配位共有結合という呼び方もある。

配位結合の例をもう少し見てみよう。アンモニア中の価電子と構造について私たちはすでに学んだ。図3-1(a)のように、アンモニア分子のN原子には非共有電子対がある。この電子対も実はじっとしていない。その電子対をより広い領域に分布させたいという欲求を常に持っている。

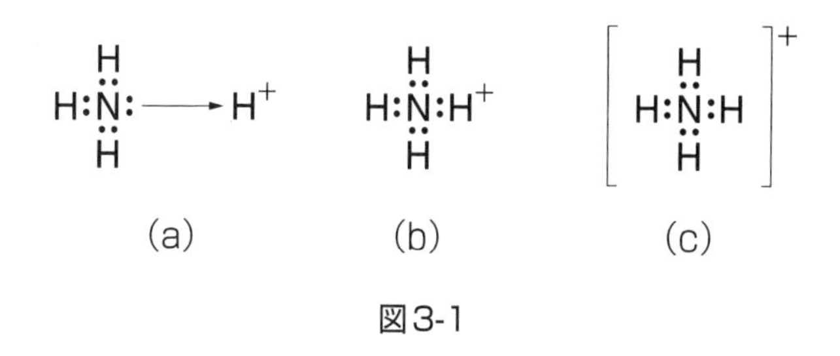

図3-1

そこに電子をまったく持たないH^+イオンが近づくと、この非共有電子対を惜しげもなくH^+と共有し、Ｎ原子とH^+イオンの間に化学結合を作る。Ｎ原子の非共有電子対をそっくりそのままH^+イオンに与えるので、これは配位結合に分類される。

いま惜しげもなくと表現したが、実際はＮ原子の上で非共有電子対がうずうずしているより、H^+イオンとの間で結合を作り、より広い範囲を電子が動く方が電子本来の性質にかなっている。家財を売ってでも潔く自由を求める電子の姿に、いささかうらやましさも感ずる。なんでもかでも擬人化するのは幼児の１つの特徴らしいが、どうしても電子への愛着が湧いてしまう。無機的な物理的実体とは思えず、私はそこに妖精のようなキャラクターを感じてしまう。

さてH^+イオンはこの図で右横から結合するので、単純に言えば（b）のようにH^+イオンが結合したことを表示すればよいように思える。しかし、でき上がったＮ—Ｈ結合は共有結合そのものであり、他の共有結合と区別することはできない。だからＮ原子の周りの４対の価電子のうち、どれが配位結合しているかを考えても意味がない。そこでNH_4というかたまり全体のトータルの電荷が＋１になるとした方が現実的である。したがって（b）と表現するより（c）と表現する方がこのことをより正確に表していると言える。（c）はプラスの電荷が特定のＨ原子の上にあるのではなく、分子全体としてプラスの電荷を持っていることを示す。

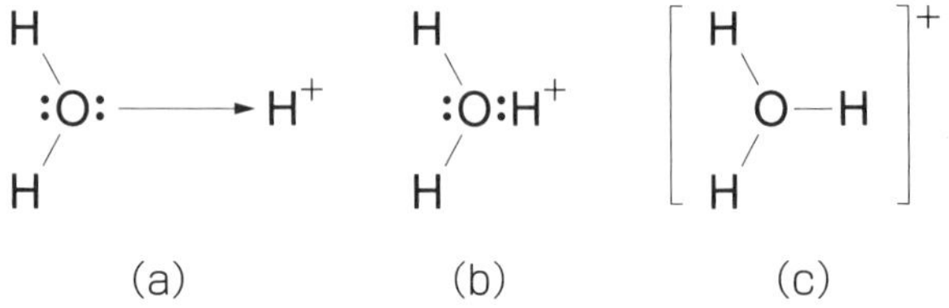

(a)　(b)　(c)

図3-2

同様にヒドロニウム・イオンの場合も図3-2の（b）ではなく（c）と表した方がより現実的である。二酸化硫黄の場合も、形式的には１本の結合は本来配位結合としてでき上がったが、結果的には２つのＯ原子、１つのＳ原子の周りを電子が動き回って均等に分布するので、２つの結合の１本を区別することはできない。

生命現象と関わりが深い分子の中にも配位結合するものがいくつかあるが、たいていは有機アンモニウム・イオンである。例えば私たちの神経の中で情報を伝達する役目を担っているアセチルコリンという分子は、図3-3のような化学構造を持っている。これまでの説明から分かるように、Ｎ原子は４個のＣ原子と結合しているが、その内の１

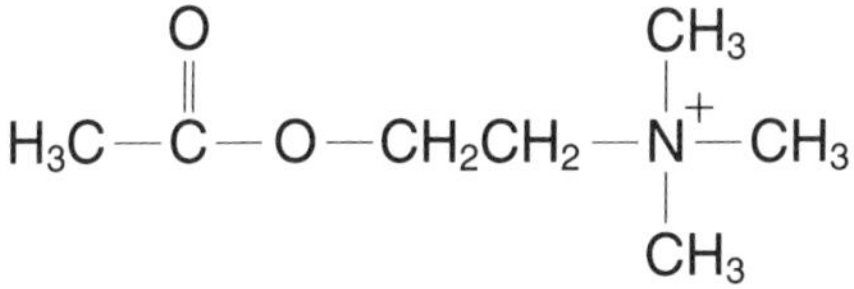

$$H_3C-\overset{\overset{\displaystyle O}{\|}}{C}-O-CH_2CH_2-\overset{\overset{\displaystyle CH_3}{|}}{\underset{\underset{\displaystyle CH_3}{|}}{N^+}}-CH_3$$

図3-3

本は本来配位結合として生じたものである。もちろんでき上がったC—N結合はどれも同じである。

こう話してくると、配位結合というのは名ばかりでまったく実質的に活動していないどこかの財団のように聞こえるが、この結合が華々しく活躍する舞台がある。この本では深く立ち入らないが、有機金属錯体という化合物の世界である。金属原子に有機化合物が結合する場合、金属原子の持っている電子が非常に自由度の高い動きをするために、有機化合物との結合で複雑な構造を作ることができる。簡単な例を1つ見てみよう。

コバルト（Co）という原子がつくる化合物の1つに、ルテオ塩（$[Co(NH_3)_6]Cl_3$）がある。コバルト・ブルーという言葉に表されるようにコバルトとブルーという色の結びつきはすぐに頭に浮かぶが、ルテオ塩は黄色である。Co原子の原子番号は27である。図1-11（27ページ）にしたがってエネルギーの低い軌道から順に電子をつめていくと、Co原子中の電子の配置は$1s^2 2s^2 2p^6 3s^2 3p^6 4s^2 3d^7$（肩の数字はその軌道にある電子の数である。例えば$3p^6$は、3p軌道に定員である6個の電子が入っていることを示す。混成軌道の表記と混同しないように！）ということになる。d軌道は10個の電子で満杯になる。しかし、d軌道の電子は抜けやすい（これが金属の融通性のある性質に結びついている）。

Coの場合、そのうち３個が抜けやすい。３d軌道から３個の電子が抜けるとこの軌道には４個の電子しかなくなる。この３d軌道に６個の電子を補充すると、軌道は満杯になり、M殻はすべて満たされるが、その前に４sに２個の電子が入っており、N殻は若干不満になる（合計２個の電子しかないので）。N殻に合計８個の電子が入れば、K、L、MそしてN殻が一応満足される。M殻やN殻の定員は18および32であるが、８個の電子が入ると各殻とも一応満足する（化学ではラッキー・ナンバーは８）。自然界では遠慮はなく、満足がいくまでその方向を追求する。

３個の電子を失ったCo^{3+}イオンが存在し、その付近に非共有電子対を持ったアンモニア分子NH_3がたくさんある場合を考えてみる。アンモニア分子のN原子はその非共有電子対をどこかの原子と共有したくてうずうずしている。両者の利害関係が完全に一致する。Co^{3+}イオンは一気に６個のNH_3分子を周りに引き寄せる。合計12個の電子が供給される。すなわち３d軌道に６個と４p軌道に６個の電子が供給される形になり、K殻には定員の２、L殻には定員の８、M殻には定員の18そしてN殻には８個の電子が入るので、これらがすべて満足される（N殻は８個なので、一応の満足）。

多少複雑な話になったが、ルテオ塩では**図3-4**のように

Co^{3+}にアンモニア分子が配位結合し、$[Co(NH_3)_6]^{3+}$という集団を作り、集団全体が＋３の電荷を帯びるという結果になる。複雑な形をとったイオンということで、このような配位結合したイオンを錯イオン、配位結合を分子内に持つ化合物を錯体と呼ぶ。錯イオンの＋３の電荷が３個のCl^-の電荷とつりあって、塩を作っている。ここでのアンモニア分子のように電子を供給して配位する原子団を「配位子」という。

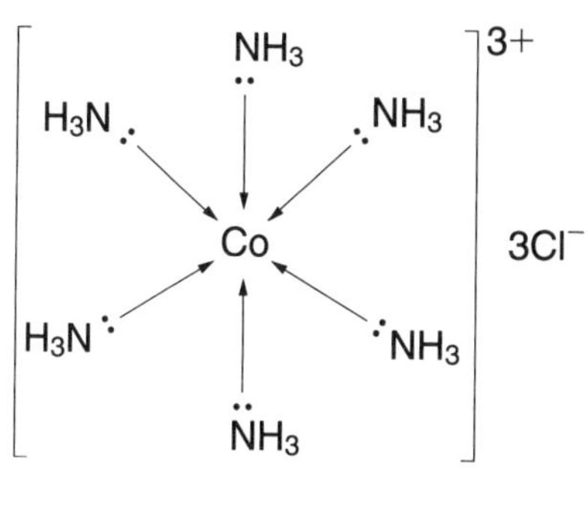

図3-4

私たちの体の中で働いている分子でも、金属原子が関与しているものはほとんど配位結合している。私たちの血液中にあり、酸素分子を運搬し、呼吸を助ける分子がヘモグロビンである。ヘモグロビンは巨大なタンパク質分子であるが、酸素分子を運ぶ役目を果たしているところは、ヘモグロビンの一部であるヘムという有機金属錯体である。図3-5(a) にヘモグロビンの立体構造を示した。ヘモグロビンは同じタンパク質が４つ集まってできているが、この図ではその１つだけを示している。タンパク質は多くの原子からなる複雑な分子なので、ここでは模式的に表現してある。

ヘムはヘモグロビン分子の下側のくぼんだところにあ

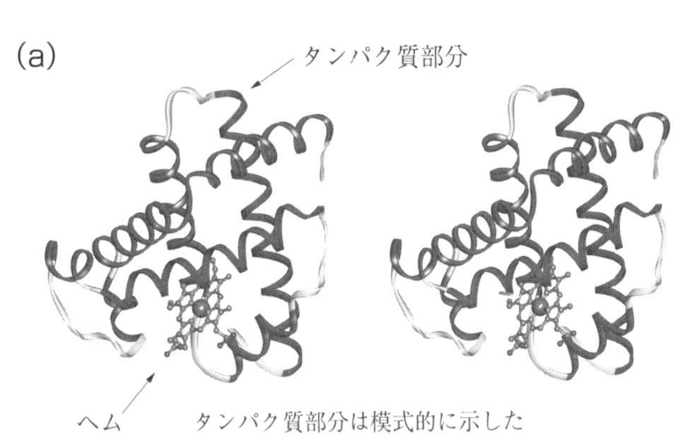

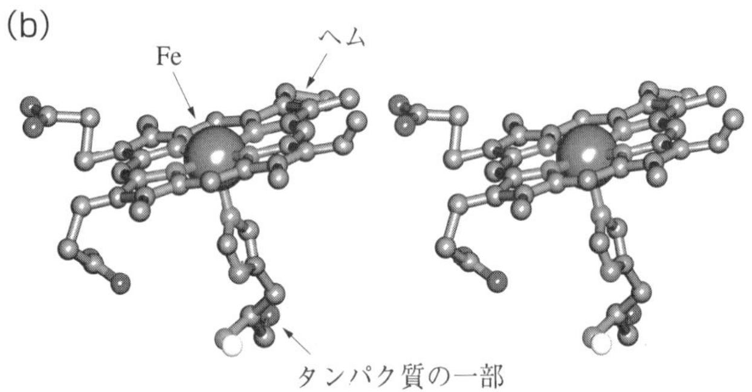

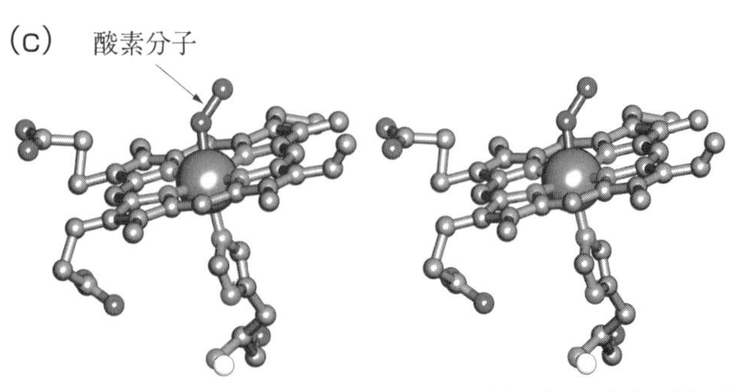

図3-5　上の図は交差法で描かれたステレオ図である。左右の図の中央に人差し指を立て、そこに両眼の視線を集中し左右の視線を交差させてから、背後にある図を見るようにすると見やすい

る。ヘムはFe原子を持っている錯体で、(b) のような分子構造をとっている。Fe原子の原子番号は26で、周期表でCoより1つ前にある。したがって3d軌道に6個、4s軌道に2個の電子がある。Fe原子では3d軌道の電子2つが抜けやすく、Fe原子はFe^{2+}イオンという形になり易い。もう少し頑張って1個余分に電子が抜けるとFe^{3+}イオンにもなる。Fe^{2+}はFe(II)、Fe^{3+}はFe(III) と表すことが多い。

ヘムではFe原子は普通Fe(II) になっている。そうすると、3d軌道には4個しか電子がないので、虫のよい話であるが4p軌道の分と合わせて、6 + 6 = 12個の電子が外部から与えられる（配位される）と、N殻までが満足してひとまず安心ということになる。大型のローンを組むようで、なんとなくスッキリしないのは私の貧乏性のせいかもしれない。つまり、6個の配位子が配位することで安定化する。

ヘムの鉄にはヘムを構成するN原子4個とタンパク質からのN原子が配位し、さらに酸素分子が (c) のように配位する。肺で新鮮な空気を取り込んだヘモグロビン中のヘムは (c) のような構造をとっている。つまり酸素分子を結合している。ヘモグロビンは血液で運ばれ、酸素が足らない組織に自分の持っている酸素分子を与える。というより、酸素不足にあえいでいる組織が酸素を奪い去る。そうすると (b) のような形になり、これは本来Fe(II) にとっては不満な状態である。この不満なヘモグロビンは静脈血を流れ、肺に戻るとここでむさぼるように酸素分子を取り込む。Fe原子と酸素分子の配位結合のおかげで私たちは楽に呼吸ができているとも言える。配位結合という言葉がありがたく響く例である。

このように生物の機能の要所要所には、金属が少しだけ使われている。それは単なるアクセサリーではなく、そうした働きを発現する上で非常に重要な役割を果たしている。生体内の素晴らしく効率的な営みは、いわゆる有機化合物だけでは実現せず、どうしても一部は金属に頼らざるを得ない。最近微量金属の役割が問題にされることが多いが、これはそうした理由にもよる。金属の有用な働きを引き出す上で、金属イオンと有機化合物の配位結合が非常に重要な役割を演じる。またそうした柔軟な化学結合の裏には金属原子の価電子が持つ自由奔放な（決して無節操ではなく）性質がある。やはりポイントは価電子である。

金属の話をもっと正確にするには、s、pおよびd軌道からなる混成軌道を考える必要がある。しかし本書の枠を越えるので、ここでは単純化した話にしてある。

3-2 プラスとマイナスの原子がつくる結合

これまでの話では、分子のいろいろなレベルで起こる多くの現象が、マイナスの電荷を持つ電子の偏りや動きで基本的に起こることを繰り返し述べてきた。この節では、プラスとマイナスの電荷が引き合うことで原子が結合しているイオン結合について解説しよう。

Naの原子番号は11で、K、L殻に電子がすべて入り、

11番目の電子がM殻に１つだけ入る。この１個の電子は仲間もいないので、一緒になって遊べる仲間の電子を外に探そうとする。もしこの電子が原子から飛び出せば、L殻までは電子が満ちた構造になるので安定にもなる。つまりNaは１個の電子（e^-）を放して、Na^+イオンになる傾向が高いということである。電子をどの程度放出しやすいかは原子によって異なり、そのし易さをイオン化傾向という。学習参考書には、その覚え方がたいてい載っている。「か（貸）そうかな、まあ あ（当）てにするな、ひどすぎるしゃっきん（借金）」（K、Ca、Na、Mg、Al、Zn、Fe、Ni、Sn、Pb、(H_2)、Cu、Hg、Ag、Pt、Au）である。

これを覚えておくと、試験の時には非常に重宝する。試験だけではなく、化学の本を読んでいる時だってかなり威力を発揮する。しかし、語呂合わせはなぜか教科書には載っていない。語呂合わせは教科書の格を落とすという考えからかもしれない。ついでに言うと、日本の教科書を見ているとどうも学習意欲をそぐために書かれているとしか思えない部分が少なくない。日本の先生は、易しいことを難しく教えることに意義を感じているとしか思えないふしがある。

教科書もいまの５倍ほど厚くすれば、本当に分かりやすい記述ができるし、もしかすると一生使えるものになるだろう。義務教育ではない高等学校なら、この程度のことはできると思うのだが、いかがなものだろうか。なんでもデラックス版を好む最近の日本人が、どういうわけか貧弱な教科書しかもっていない。ブランド品に身を包み、最新のスマホを持った高校生が、薄い教科書しか持っていないのを見ると、どうもなにか間違っている気がしてならないのは、私だけの印象だろうか。

さて、Cl原子の原子番号は17でＫおよびＬ殻は満杯になっており、Ｍ殻に７個の電子がある。７個の電子は大挙して外に出て行くより、もう１つ電子を引っ張りこんで８個になって安定化した方が能率がよい。つまりCl^-イオンになりたがっている。単独で存在する原子（中性）がどの程度陰イオンになり易いかは、「電子親和力」という指数で表される。ふらふらしている電子を原子の中に（といっても外殻に）どの程度引っ張りこめるか、その強さが電子親和力である。電子親和力が大きいほど陰イオンになり易い。当然であるが外殻の電子が６ないし７個の時、電子親和力は大きくなる。私は残念ながらその大きさの順を覚えるための語呂合わせを知らないが、主な原子の電子親和力の大きさは次のようである。

$Cl > F > O > C > H > Na$

もしNa原子とCl原子が隣り合わせにいると、両方の利害が完全に一致して、Na原子は電子を１つCl原子に渡し、Na原子はNa^+イオン、Cl原子はCl^-イオンの形になる。そうすると、Na^+とCl^-の両イオンは「クーロンの法則」（２つの電荷が互いに及ぼし合う力の法則）にしたがって近づいていく。NaClを価電子を用いて書くと形式的には$Na^+:\ddot{\underset{\cdot\cdot}{Cl}}:^-$になるのだから、NaとClの間の結合は共有結合になると思われる。しかし、実際はNaは電子を出しっぱなしである。もとは自分の家にいた電子であるが、１

個だけ浮いていたので、追い出した後は絶交状態ということである（図3-6）。またCl^-の方も、いったん獲得した電子はたいていのことでは手放そうとはしない。つまり、2つのイオンの間で2つの電子が対になってしずしずと回ることはない。2つのイオンは

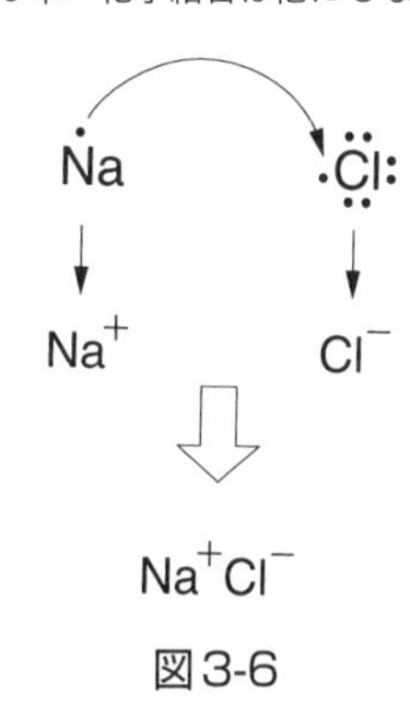

図3-6

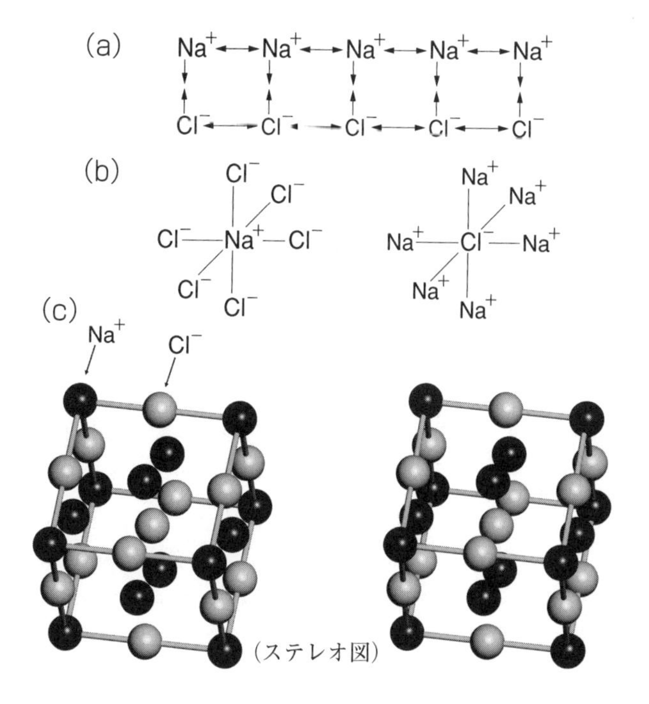

図3-7

あくまでプラスそしてマイナスのイオンとして存在する。つまり、Na^+イオンとCl^-イオンに分離して存在する。

いま、複数のNa^+とCl^-イオンがある場合を想定し、それがどのように並ぶかを考えてみる（図3-7(a)(b)）。Na^+イオン同士そしてCl^-イオン同士は同じ電荷を持つので反発しあい、図3-7(a)のように並ぶことはない。したがって、図3-7(b)のようにNa^+イオンの周りにはCl^-イオンだけが集まるようになる。上にも下にも、左にも右にも、そして手前にも後ろにも。直観的に考えるとそうなるだろう。つまりNa^+イオンの周りには6個のCl^-イオンが規則正しく集まる。また同様にCl^-イオンの周りには、Na^+イオンが規則正しく集まる。そしてこの繰り返しがそこにあるNa^+とCl^-イオンの数だけ繰り返される。結局（c）のように、Na^+とCl^-イオンが交互に並んだサイコロを３次元的に繰り返した状態になる。実はこれが塩の結晶である。食塩をルーペで見ると、きれいな立方体になっているのが観察される。横長になっているような粒があっても、実は立方体が集合しているので、適当な方法で結晶を割るとそこに立方体状の構造を観察することができる。

このように、陽イオンと陰イオンの間に働く力をイオン結合という。すでに気付いていると思うが、イオン結合と共有結合はだいぶ様子が違う。というのは、イオン結合で分子を作るということはほとんどないからである。Na^+とCl^-イオンで述べたように確かにそれらはなるべく近づくように配列するが、それらは共有結合のように一体化しているのではなく、クーロンの力で引き寄せられているに過ぎない。その意味でイオン結合は分子を作るのではなく、電荷を帯びた粒子を電気の力で引き寄せている力と考える方が無難である。

生物の体の中にあるNaClのような種々の無機塩は多くの場合イオン化している。しかし水の影響で離れ離れになっており、食塩中のようにお互いが近づいてイオン結合して固まりを作っていることはほとんどない。

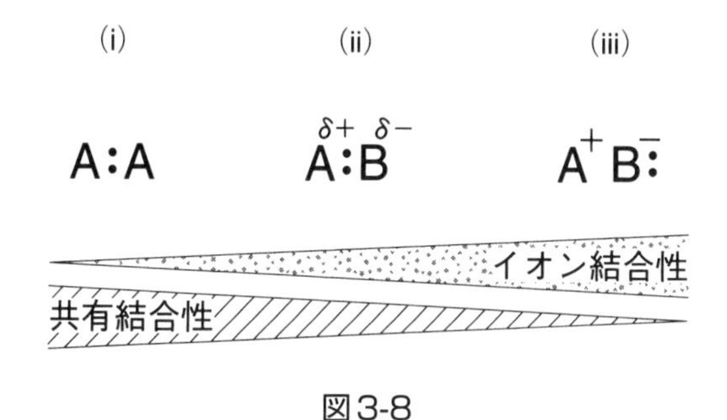

図3-8

図3-8に示すように、共有結合に関与する２つの原子が同じ場合には、２つの原子からの価電子は均等に分布して(i) のような理想的な共有結合を作る。しかし異なる原子からなる場合、一方の原子（例えばB）の電気陰性度が他方より大きいと、(ii) のようにBの原子の方に電子が引き寄せられ、結果としてAは$\delta+$、Bは$\delta-$に帯電する。この分子は「分極」していると言った。

そしてさらにNaとClの場合のように、一方がまったく片方から電子を奪い取ってしまうと、(iii) のようにAはほぼ完全な＋１、そしてBも－１に帯電してしまい、もう結合を通した双方向的な電子の移動はなくなってしまう。(i) はH_2、(ii) はHClそして (iii) はNa^+Cl^-で代表される。この図では右にいくほどイオン結合性が高くなり、左にいくほど共有結合性が高くなる。実際の多くの結合は、この間に連続的に分布している。つまり実際の化学結合では共有結合性が高いか低いか、イオン結合性が高いか低いかという方が現実的であると言える。少なくとも生命現象に関わる多くの分子を考える場合、完全な共有結合にお目にかかるのはむしろ稀である。原子同士の離合集散は、電子の動きや分布によって決まる。正に、原子同士をどのように結びつけるのかのキーになるのが電子である。

3-3 金属結合

この章の最後を飾るのは、金ぴかの金属結合である。金属はいわゆる金属光沢を持ち、電気や熱を伝えやすい性質を持っている。この性質は、おおよそほとんどの金属に共通しているものである。生物の体の中で金属が塊として存在することはないので、生体関連の話題に金属結合が出てくることはほとんどないが、これまで述べてきた化学結合の締めくくりとして述べておきたい。

金や銀そして最近ではチタンなどはなじみがある金属であるが、ナトリウムという金属はあまり日常生活ではお目にかからない。金属ナトリウムは有機化合物を合成する場合に、非常に重要な原料として使われる。実験室で用いる金属ナトリウムはたいていはピカピカした金属光沢を持つ針金状のもので、金属とはいってもナイフで簡単に切れる。金属というより粘土か羊羹のように切れ、新しくできた断面は文字どおりの金属光沢を持っている。この金属ナトリウム中で、Na原子はどのように結合しているのだろうか。

ナトリウムの原子番号は11番で、すでにNaClのところで見たように価電子１個が少し邪魔者になっている。価電子を受け取ってくれる相手がいれば、いつでもこの価電子は出て行く態勢にある。金属ナトリウムの中では図3-9(a)のように、Na原子がずらっと並んでいる。各Na原子について、問題の価電子１個だけを描いてみる。Na原子がある程度接近していると、この価電子は隣のNa原子との間に移動できる。矢印で示すように、各々の価電子は

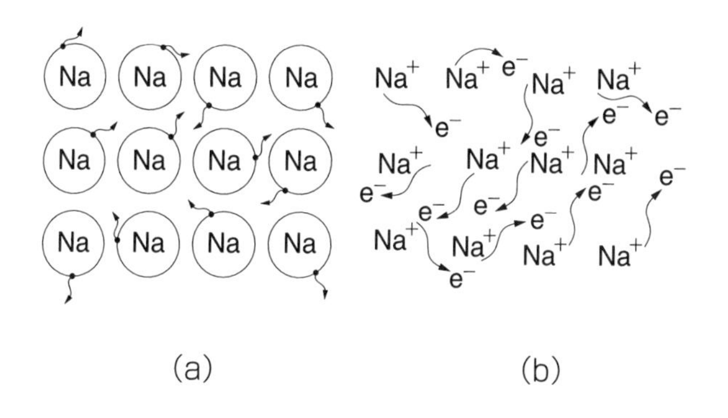

図3-9

NaとNaの間の空間に動いていくことができる。もともとこの価電子はNa原子に縛られていないので、その動きは自由である。このように価電子が勝手にNa原子の間を動き回れるので、(b)のようにNa原子が並んだ間の空間を電子がピチピチと跳ね回ってしまう。結果的にNa原子同士はこれらの電子を共有することになり、Na原子同士は電子の共有による緩やかな引力（もちろん共有結合ではない）により、集合して安定な、しかし軟らかい固体を作るようになる。これが〝金属〟と呼ばれる性質を作る金属結合である。ここでもやはり価電子が自由になることが、結合のできる大きな条件である。

ただし金属結合では共有結合と違って、どの原子とどの原子の間の結合ということが言えない。早い話が、Na原子さえある程度集合すれば、それらの間には引きつけ合う力が働く。イオン結合はプラスとマイナスの電荷を持った原子の間なら、ある程度自由に作られるが、金属結合はさらにルーズな結合と言える。生物の体の中で起こる現象は、非常に限定された物質の間でのみ起こる。そうでないと生物の体の中でパニックが起こってしまう。したがってなんでもよいというような金属結合は、生物が活用するにはあまりに適さない。

以上のように、Naに限らず金属の中では電子が自由に跳ね回っている。この電子をその名も自由電子という。金属板の両端にプラスとマイナスの電場をかけると、電気はさっとこの金属板の中を流れる。また金属板の端を熱すると、その熱は他端にすぐ伝わる。これはすべて金属の中の自由電子による。電気は電子の流れとして、熱は電子の運動として伝えられる。また、金属原子はある程度集合していれば、それらの原子が自由電子という接着剤でルーズに束ねられるので、薄く展(の)ばしたり、形を変えることが自由自在にできる。共有結合でできた材料であれば、展ばそうとして叩くと欠けてしまう。金属のこの柔軟な特性も、電子とくに価電子の自由闊達な性格によっていることは興味深い。さらに金属のピカピカした光沢も、自由に動き回れる電子の色である。金属から生体をつくる物質まで、ありとあらゆる物質を作る上で電子が決め手になっていることをここでもう一度確認しておきたい。

第４章
原子の間に働く力

第３章までは、おもに隣り合う原子同士をつなぎとめておく結合（力）について説明してきた。これらの力のうち、特に共有結合と配位結合は強く、分子の骨格を作る上で重要である。しかし強い力だけだと融通が利かない。工作をしている時に強力な瞬間接着剤しか使えないとしたら、とても不自由であろう。適当に仮止めしたりするための接着剤も必要である。特に私たちの体の中では物質がダイナミックに変化し、分子そして原子が離合集散を繰り返している。そのダイナミズムを支えるのがこの章で述べる、弱いがしっかりと個性を持った力である。

これまでの説明では、結合という言葉と力という言葉をまぜこぜにして使っているという印象を持つかもしれない。実はこの２つの言葉を厳密に区別することはできない。ニュアンスとして「結合」と言うときは結合に関する両者を引き付ける力が強いことを示し、「力」と言うときには比較的弱いことを示す。しかし、この使い方も状況によっては曖昧になる。科学では他の分野より厳密に言葉を定義して使っているが、本質的に連続的な性質について述べる時には、その両極端の場合を除くと、言葉の定義が曖昧になることがやむを得ず起こってしまう。すでに述べたように、一般的な共有結合は純粋な共有結合とイオン結合の間にある。

4-1 静電相互作用

いきなり力とも結合ともつかない相互作用という言葉が

飛び出してきたので、びっくりしたかもしれない。相互作用とは「ある物が別の物に与える影響」である。結合という言葉よりずっと弱く、力という言葉より弱い表現である。結合は英語でbondであったが、力はforce、相互作用はinteractionである。

プラスとマイナスの異種の電荷を帯びたものは引き合う。同種の電荷を帯びたもの同士は反発し合う。人間の世界でも原子の世界でも、同じ原理である。この力が、化学反応のほとんどすべてを解明する鍵になっているといっても過言ではない。静電相互作用も、もちろんこの原理で理解できる。

さて、イオン結合で働いた力は、＋1とか－1とかのようにイオン化した原子の持つ比較的大きな電荷であった(Na^+とCl^-のように)。しかしこれまで見てきたように、分子内のほとんどの原子では、電気陰性度の影響などでプラスやマイナスの電荷がわずかに偏って存在する。この電荷のわずかな偏りによって、1つの分子内で、あるいは複数の分子間で、引力や反発力が働く。イオン結合と比べると電荷の量が非常に少ないのでこの相互作用による1つ1つの影響は非常に小さいが、大きな分子の中にはたくさんの原子があるので、総和をとると無視できない大きさになる。これを特に、静電相互作用と呼ぶ。

生物の中では種々の分子が素晴らしい生命活動を営んでいる。それらが間違いなく整然と果たすべき役割を果たすためには、1つの分子が他方の分子を正確に認識しなくてはいけない。そのあたりを適当にしているとパニックになり、生物の場合だと死に至る。分子同士の連携を確実かつ能率的に行う上で、静電相互作用は重要な役目を果たす。

それでは、静電相互作用の特徴について説明しよう。

イオン結合のところで触れたが、電荷を帯びた2つの電子がお互いに及ぼし合う力は「クーロンの法則」で表される。クーロンの法則は、q_1、q_2の電荷が距離rだけ離れている場合、その間に働く力Fは、

$$F = -\frac{q_1 q_2}{\varepsilon r^2}$$

で表せることを示す。ε（イプシロン）は2つの電荷を隔てている物質の性質によって異なる。磁石の場合、2つの磁石の間に物を置くと引きつける力が弱くなるが、それと同様に、2つの電荷の間に電気を通さない物質を入れる（εが大きくなる）と、働く力は弱くなる。真空であればε＝1となる。

さて、少し細かい話になるが、水中で電荷同士が静電相互作用する場合のεは80である。一方タンパク質やDNAなどの生命活動の担い手である大きな分子の中でのεは4程度になる。これは水の中では静電相互作用がずっと小さくなることに相当する。なぜだろうか。

この問題を考えるにあたり、まず「プラスとマイナスの電荷を帯びた分子は、水に溶ける」という現象を理解する必要がある。

物が水に溶けるということは日常的によく見るが、そのメカニズムを考えてみると、意外に難しい。図4-1のよう

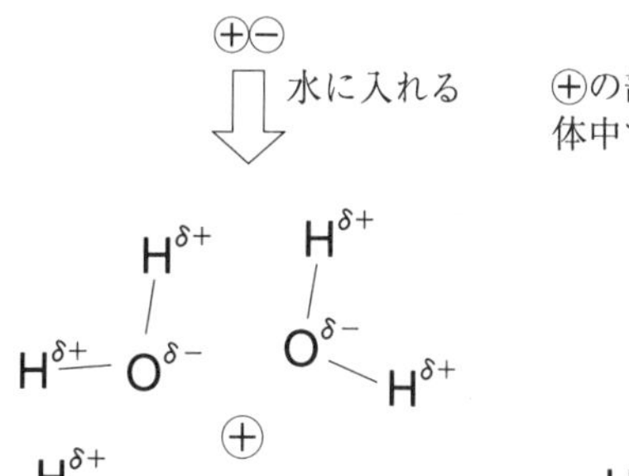

⊕の部分と⊖の部分が固体中ではくっついている

⊕の部分のまわりには$\delta-$の電荷を持った水のO原子が、⊖の部分のまわりには$\delta+$の電荷を持った水のH原子が並び、⊕と⊖は引き離される。つまりこの物質は水に溶けたということになる

図4-1

に、プラスの電荷を帯びた部分が水に溶ける場合を考えてみよう。水の分子ではO原子の電気陰性度が高く、かつ非共有電子対を持っているので、図のようにO原子が$\delta-$にH原子が$\delta+$になるように電子に偏りがあることはすでに学んだ。だから、水中に他の分子（原子）がイオンとして存在すると、その物質のプラスの電荷を帯びた部分（⊕）の周りには、徐々に水分子の$O^{\delta-}$が集まるようになる。ちょうどプラスの電荷を相殺するようにO原子が向いてくる。

それとは反対にマイナスの電荷を帯びた部分（⊖）の周りには水分子の$H^{\delta+}$が集合していく。結果として、プラス（⊕）とマイナス（⊖）の部分の周りを水分子がとり囲むことになり、プラス（⊕）とマイナス（⊖）の部分は水中で離れる。

物が水によく溶けたと私たちが判断する基準は、日常的な経験では、例えば、コップの底に塊が沈殿していないことである。いまの場合であれば、（⊕⊖）という塊がなくなり、それらのイオンが充分に水分子にとり囲まれた時に「溶けた」という。これが溶けるということの最も単純な理屈である。

さて、このように⊕と⊖の電荷が水分子に囲まれると、当然⊕と⊖の距離も長くなる（rが大きくなる）が、さらに間に入ってくる水分子の層が⊕と⊖の引き合う力を強く妨害する（εが大きくなる）。このような理由で、水の中では溶質の電荷同士の相互作用は非常に小さくなる（だから溶ける）。

水はイオン性の物質を溶かすのに、極めて良好な溶媒である。包容力に優れたこの溶媒がなかったら、地球上に生命は生まれなかっただろう。この水の性質も、水分子の中でO原子の方に電子が偏って分布することによっている。やはりここでもポイントは電子である。

完全なイオンになっている原子間に働く力（イオン結合）も含めて静電相互作用ということがあるが、この節で述べたように、もう少し「弱い力」について静電相互作用という言葉を限定的に使うことの方が多い。化学においては静電相互作用が原子間で働く力の最も基本型であると考えてよい。

4－2 ファン・デル・ワールス力

窒素分子のように同じ原子２つからなる分子では、分子の中での電子の偏りは基本的にはない。したがって希薄な気体中では窒素分子はほとんどお互いが干渉し合うことはない（図4-2）。窒素ガスは、－200℃くらいまで温度を下げると液体になる。これを液体窒素と言う。さらに温度を下げると、－210℃で固体になる。液体窒素の温度になると分子の活動も著しく少なくなるので、液体窒素は室温だと変化しやすい生物試料などの物質の保存に用いられている。

さて窒素分子中にはプラスやマイナスの電荷の偏りはないので、静電相互作用は分子間には働かない。それでは、なぜ窒素分子は気体から液体へ、そして固体へと集合するのだろうか。

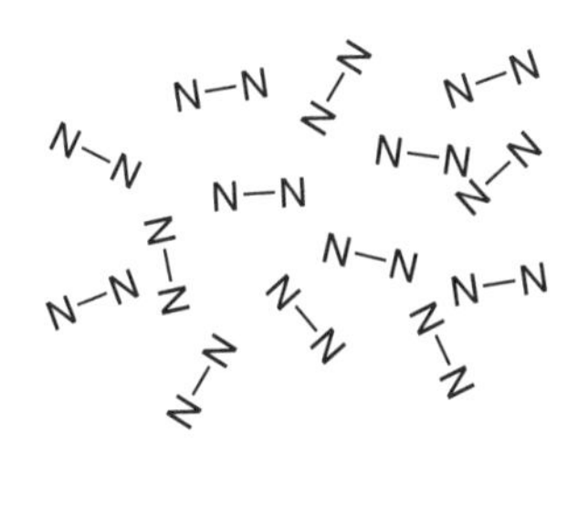

図4-2

一般の分子は気体の時が最も体積が大きく、液体になると収縮し、固体では体積が最も小さくなる（水の場合は例外的に異なる）。「寒くなるから縮まるに違いない」では説明にならない。仮にN_2分子同士の間に本質的に反発力が働いていれば、どんなに温度を下げて縮まらせても集合しないはずである。ところが窒素の場合、温度を下げて分子の運動が静かになるにつれ、分子同士が集合してしまうのだ。なぜか。

実は窒素が液体になるまで温度を下げても、電子の動きはほとんど抑えられない。

昔は「子供は風の子」と言われ、子供は寒くても震えながらでも外で遊ぶものだった。「電子も風の子」である。電子は寒くても平気で遊びまわることができる。凍りつく－200℃という温度でも、電子は機嫌よく遊んでいる。またここで妖精のように電子が振る舞う様子を想像して欲しい。N_2分子の中では電子が動き回っている。何人かの子供が遊んでいることを考えると、子供たちはばらばらに一人遊びするより、固まって遊ぶだろう。また時おり群れを

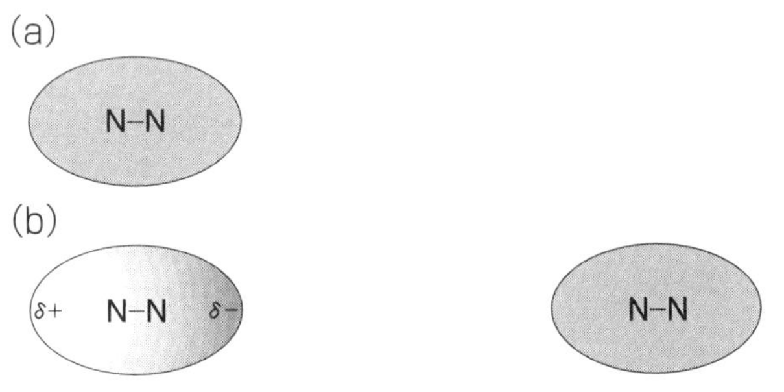

電子に偏りができても充分遠い分子にはあまり影響がない

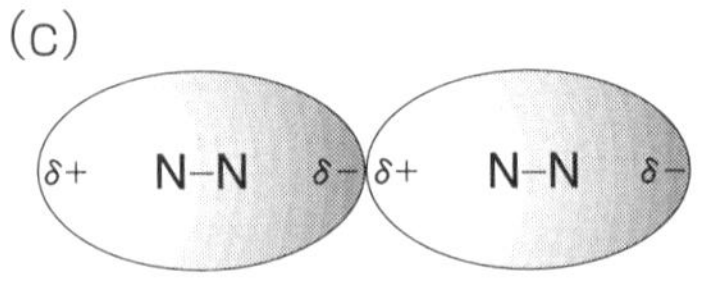

電子の偏りにより、近くの分子中の電子も偏り、引きつけ合う

図4-3

なして走り回ったりする。電子も同じである。

電子が動き回ると、電子がある瞬間、あるところに偏ってしまうこともある。長い時間で平均してみれば電子は図4-3(a) のように分子内に均等に分布することになるが、瞬間、瞬間を見れば電子はむしろ偏って分布していることが多い。(b) のようにある分子の中で偏りが起こっても、分子と分子の間の距離が充分離れていると、そのちょっとした偏りは他の分子にほとんど影響を与えない。しかし (c) のようにその偏りが起こった分子のすぐ傍(そば)に偏りのない分子がいると、どうなるだろうか。

電子に偏りがでると、その部分は$\delta-$の電荷を帯びることになる。するとすぐ隣にある分子内の電子の分布が影響される。隣にある分子内の電子は反発され、(c) の右側の分子のように反対側に寄せられる。これはこの分子の左側が$\delta+$となり、左側の分子の$\delta-$の電荷と静電相互作用をすることを意味する。つまりこれらの分子は引き合うことになる。分子の中に電子の偏りがあることを分極という言葉で表したが、右側の分子は左側の分子内における電子の偏りの影響を受けて分極することになる。

以上のように本来電気的にまったく偏りがない原子同士の間にも、分極によって引き合う力が必然的に生じる。この力は「ファン・デル・ワールス力」または「ファン・デル・ワールス相互作用」と呼ばれる。ファン・デル・ワールス力はその力の由来からして非常に弱いものであり、原子同士の距離が大きくなるとその力は急激に弱くなる。しかしどの原子にも必ず働き、いつも引力として働く。このファン・デル・ワールス力で窒素分子は気体から液体そして固体になるのである。ただ、この力はたいへん弱い力なので、分子があまり激しく動いていると働くことができない。だから低温にしないと液化や固化しないのだ。

もちろん液体酸素や液体水素も、同じように分子同士が集合したものである。持ち帰り用のケーキの箱に入っているドライアイスもそうだ。ドライアイスは、普通は気体である二酸化炭素を低温にして固体にしたものであるが、すでに見てきたように二酸化炭素も非極性分子であり、本来的には分子同士を結びつける力はない。ところが、O原子の電気陰性度が高くかつ２重結合があるので分子内の電子の偏りも容易に起こり、ファン・デル・ワールス力が働きやすい。おもにファン・デル・ワールス力からなっている結晶を分子結晶というが、ドライアイスはそのよい例である。

それでは原子同士はどこまでも引きつけ合い、最後には一点になるのだろうか。液体窒素の温度を下げ固体窒素にし、その温度をさらに下げてやると固体はどんどん縮まり、一点になるのだろうか。

図4-3ではN_2分子の周りに輪郭が書いてある。N_2分子の中を電子は回っているが、この輪郭のような決まった範囲を電子は原則として回っている。つまり各N原子の最外殻には形式的に８個の電子が入り、一応満足して外界との仕切りを作っていると思えばよい。実際に図4-4のように２つのN_2分子の距離が両者の仕切りが重ならないところまでは引き合う（a）が、それ以上近づこうとすると、

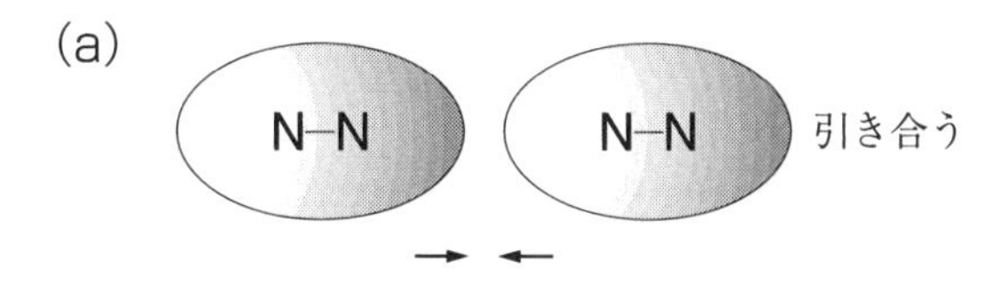

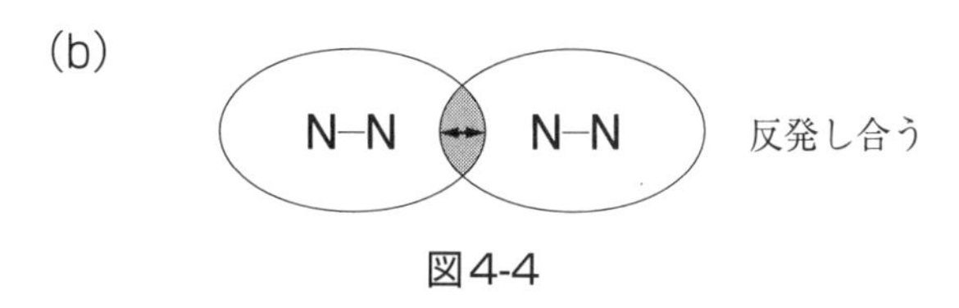

図4-4

近づいたN原子の間に反発が現れる（b)。これはN_2分子の中で電子の動く範囲がすでに決まっており、その範囲には別の分子からの電子は原則として侵入できないからである。だから、いくら温度を下げようと、窒素が一点になってしまうことはない。

近づいた原子が合意して両原子からの電子が共に回れる範囲（これを分子軌道という）を改めて決め直せば、その原子間には共有結合が形成され、充分近づくことができる。しかし、いまの場合のように近づいた原子間に共有結合ができる条件がそろっていないと、それらは強く反発する。ちょうど同業の企業は、合併する条件がなければ、お互いライバルとして反発し合うのと似ている。取引が成立しなければ、電子はもともとマイナスの電荷を持っているので、それらは強く反発してしまうというわけである。したがって図4-4(a) のように、あるところまでしか分子は近づくことができない。ファン・デル・ワールス力あるいはファン・デル・ワールス相互作用という時には、引力と反発力の両方を含めて考えるのが普通である。

これまでの力と異なり、ファン・デル・ワールス力は遠方では引力、近接すると反発力という一見複雑な性質を示すが、以上のようにやはりこれも電子が持つ本質的な性質によっていることが理解できるだろう。本来、個々の原子の置かれている環境により電子の分布状態も変わるので、それに起因する引力と反発力も異なるはずである。しかし各原子が置かれている平均的な環境を考え、各原子に平均的に成り立つファン・デル・ワールス力を考えると便利である。つまり各原子に固有のファン・デル・ワールス半径というものを考え、その半径の和までは各原子は近づき得るが、それより近づくことはできないと考えるのである。図4-3以下で示した分子の輪郭の正体は、実はファン・デル・ワールス半径に基づいて描いた分子の姿なのだ。

おもな原子のファン・デル・ワールス半径(単位：Å／1Å＝10^{-10} m)

H	1.20	N	1.50	O	1.40
F	1.35	P	1.90	S	1.85
Cl	1.80				
Br	1.95	メチル基の半径		2.00	
I	2.15	芳香環の厚みの半分		1.70	

表4-1

おもな原子のファン・デル・ワールス半径を表4-1に示した。例えばHとCl原子がファン・デル・ワールス相互作用で近づく場合、原子間の距離が1.20 + 1.80 = 3.00 Å（オングストローム。1Åは10^{-10} m）までは近づける。H

とCl原子がきちんと共有結合をするとHとCl原子の距離（結合距離）は1.274Åになる。

電子は自由、自由と強調してきたが、「他人の家に勝手に土足で入る」ことはない。電子の自由とはあるルールの中での自由である。むろん電子は本質的に自由に遊びまわる性質を持っているが、それはあくまでそのことを許されたり、場が設定された場合に限る。模範的な遊び人というわけである。

ファン・デル・ワールス力の効き方をまとめると図4-5のようになる。このグラフで横軸は２つの原子間の距離であり、縦軸は２つの原子間に働く相互作用エネルギーである。物理学では力の符号がマイナスの時に引き合い、プラスの時に反発すると表現するので、この図でもそのように表現してある。r_0という距離の時にいちばん引き合うが、この時の距離はファン・デル・ワールス半径の和になる。つまりr_0は両原子のファン・デル・ワールス半径の和である。この距離以下に近づくと急激に反発力が強くなる。一方rが無限遠になっても引力はゼロにはならず、どんなに離れていても２つの原子間には弱いながらも引力が必ず働いている。

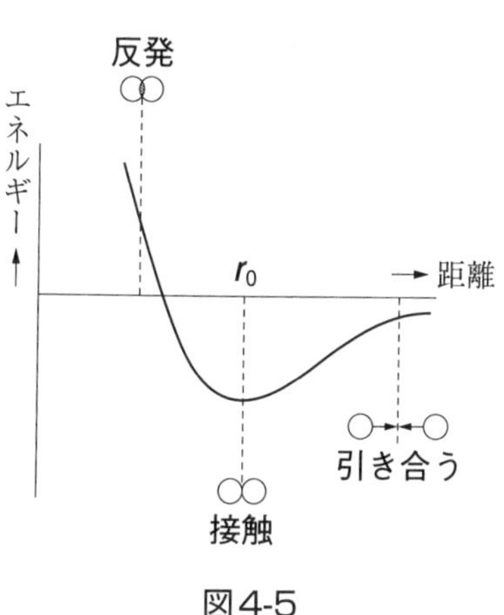

図4-5

つまり本質的に、原子は集合していく性質を持っている。

引力といえば、ニュートンが発見した万有引力がある。その名のとおり質量を持つすべての物質の間に働く引力であり、原子の世界でも当然存在する。しかし万有引力はファン・デル・ワールス力に比較してもけた違いに極めて小さいので、原子の世界ではほとんど考える必要がない。万有引力が問題となるのは星などの天体のように超巨大な質量を持つ物体間においてだけである。しかも万有引力が働くおもな原因は電子ではなく、それよりずっと質量の大きい原子核である。

4-3 水素結合

水は私たちの最も身近にある液体であり分子であって、用途はさまざまであるが、毎日ほとんど意識もせずたくさんの水を使っている。私たちの生命を維持していく上で、水が必須であることは誰でも知っていることである。食料がなくても人間はかなりの時間生き長らえるが、水がないと私たちはごく短い間しか生きられない。水があってこそはじめて生命が生まれ、そして維持されているとも言える。この慣れ親しんでいる水は、物理化学的に見ると他の類似の分子とは非常に異なり、他の多くの液体から見れば異常な液体とも言える。水について科学的にまだ完全には理解できていないと言ったら、たぶんすぐには信じない人の方が多いだろう。しかし正にそうなのである。

水はその分子サイズから見ると異常に高い融点と沸点、

大き過ぎる表面張力、大きな蒸発熱、大きな融解熱、そして大きな比熱などを示す。これらの変わった性質についてすべてここでお話しする時間はないが、水がなぜ異常に高い沸点を示すかをここで考えてみよう。

沸点とは液体から気体になる温度である。液体の温度を上げていくと、次第に液体中の分子の運動が激しくなる。ある程度運動が激しくなると、液体の表面ではその分子の動きを抑えることができなくなり、分子は液体表面から飛び出してくる。液体中のすべての分子がこのような状態になる温度を沸点という。重い分子は鈍重なのでより温度を高くしないと、軽い分子より気体になりにくいことが想像できるだろう。

分子の重さは、分子の中に含まれる原子の種類と数で決まる。原子1つの重さは、C原子（中性子6個と陽子6個からなる原子核を持つ^{12}C原子）の重さを12.00とした時の相対値で表される。陽子が1個のみの原子核をもつH原子の重さは1.00となる。この重さで計ると水分子の重さは18となる（小数点以下は省略）。CH_4（メタン）、SiH_4（モノシラン）、GeH_4（モノゲルマン）そしてSnH_4（スタナン）の分子量はそれぞれ16、32、77および123であり、それらの沸点は各々－164、－112、－88および－52℃である。予想どおり分子の重さが重くなるほど気体になる温度（沸点）は高くなる。

ところが水の沸点は100℃である。上の例から考えれば、水の分子量18からすると－150℃くらいであってもよいわけだから、100℃という温度がいかに高いかということが分かる。ではどうして水の沸点はこんなに高いのだろうか。その秘密はまたまた電子にある。

水分子は図1-33（62ページ）のようにO原子が4面体の中心にあり、4面体の頂点方向に2つのH原子と2つの非共有電子対がある構造をとる。2-3節で説明したように、O原子の電気陰性度がH原子より圧倒的に大きいので、電子はO原子の方に引っぱられ、O原子は$\delta-$、H原子は$\delta+$に帯電している。実際はO原子の$\delta-$はO原子上にあるのではなく、非共有電子対の方に寄っている。複数の水分子がある場合、1つの分子の非共有電子対上の$\delta-$と別の水分子のH原子上の$\delta+$が引き合うことになる。$\delta-$と$\delta+$の間の引き合う力を破線で表すと、図4-6のように

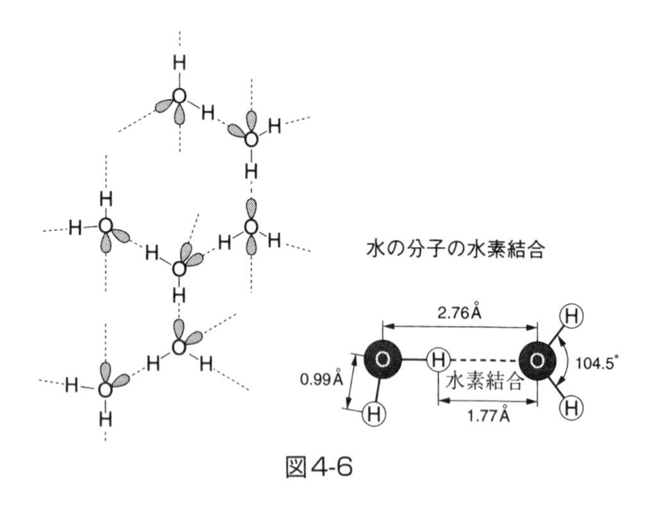

図4-6

水中での水分子は周りの水分子とたくさんの数の静電相互作用をしていることが予想される。水中でこのように複数

の水分子が集合していることは、実験的にも確かめられている。つまり、水分子は水分子同士の静電相互作用によってかたまりになり、実際の分子量よりはるかに大きな分子として働いているのである。お互いががっちりとスクラムを組んでいるので、100℃まで温度を上げないと気体にならないのだ。

この水分子同士の結合を、少し詳しく見てみよう。

H原子の大きさは他の原子に比較して格段に小さい。したがってH原子は他の原子に充分近づくことができ、図4-6のように他の水分子のO原子に近づくと、その非共有電子対と相互作用することができる。H以外の原子だと、非共有電子対と相互作用する前にO原子からのファン・デル・ワールス反発を受けてしまい、それ以上近づくことはできない。H原子はこの意味で特異な原子と言える。図4-6のように水分子同士が近づいてかたまりを作る理由は、O原子に偏った電荷だけではなく、このH原子の特質によるところが大きい。そこでこのようなタイプの相互作用を水素結合と言う。

水素結合を改めて定義すると、図4-7(a) のようになる。電気陰性度が高い原子DにH原子が結合していると、Dは$\delta-$に、Hは$\delta+$に帯電する。そこに電気陰性度が高くやはり$\delta-$に帯電する原子Aが近づいてくる。$H^{\delta+}$のファン・デル・ワールス半径は小さいので、DHは$A^{\delta-}$に充分近づくことができる。ある距離まで近づくとそれらの間には図の「····」で示される水素結合ができる、というわけである。しかし、プラスとマイナスの電荷の相互作用な

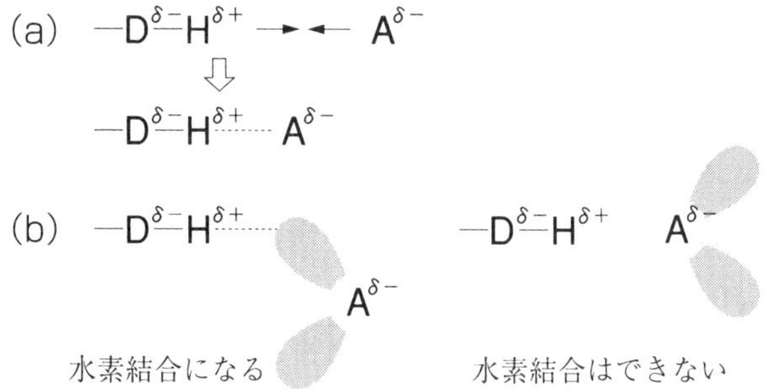

(a) $—D^{\delta-}—H^{\delta+}$ →← $A^{\delta-}$

⇩

$—D^{\delta-}—H^{\delta+}\cdots\cdots A^{\delta-}$

(b) $—D^{\delta-}—H^{\delta+}\cdots\cdots$ $A^{\delta-}$　　$—D^{\delta-}—H^{\delta+}$　$A^{\delta-}$

水素結合になる　　水素結合はできない

図4-7

ら、静電相互作用に含めればよいではないかと思う読者がいると思う。

あえて水素結合と呼ぶ事情をもう少し説明しよう。

結論から先に説明すると、水素結合は静電相互作用と共有結合の中間の性格を示す。図4-7(b)（左側）のようにAの非共有電子対が$H^{\delta+}$の方に向くように配置した場合、この非共有電子対が$H^{\delta+}$に配位結合するようになる。ただし、AとHそしてAとDのファン・デル・ワールス反発のために、完全な配位結合（すなわち共有結合）ができるほどにAは近づくことはできない。しかしこの配位結合の寄与が水素結合を作る上では非常に重要である。すなわち、D—HとAが近くにあってもAの非共有電子対がHの方向を向いていないと、Aの非共有電子対は配位結合に参加することができず、水素結合はできない（右側）。つまり、水素結合の形成はD—HとAの立体的な配置に大きく左右されるのだ。

生命現象は複雑な分子間の巧妙な相互作用によっている

が、水素結合はそうした相互作用を選択的かつ効率的に行う上で極めて重要である。生物中での微妙なコントロールの大部分はこの水素結合の生成消滅によっていると言っても過言ではない。水素結合は共有結合よりずっと弱いが、むしろこの弱くかつ方向性を持つという性質は生体内で次々とダイナミックにコトを運ぶ上で非常に都合のよいものである。水素結合は生命の活動を支える結合と言える。結合が弱いので、その点からは相互作用と言ってもよいが、明確な方向性を持っていることから、結合という名前をつけるのがふさわしい。

これまでの話の材料に使ってきた分子の中にも、水素結合できるものはたくさんある。図4-8(a) のようにアンモニア分子は、水分子と水素結合できる。また水素結合は分子間だけで形成されるとは限らない。(b) に示した2-アミノエタノール（エタノールに1つのアミノ基［—NH_2］が結合したもの）では、同じ分子内のアミノ基のH原子がア

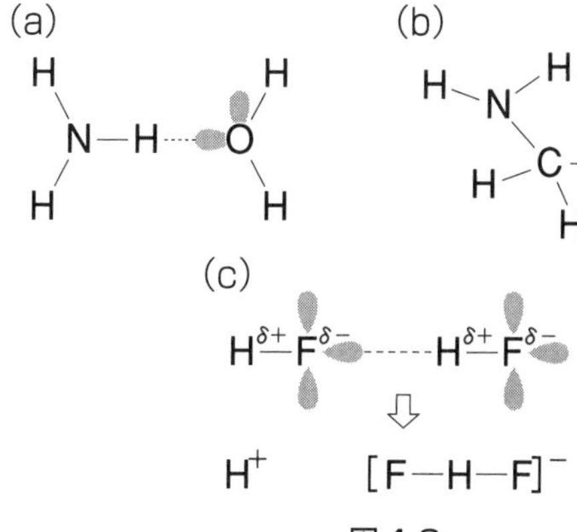

図4-8

ルコールの性質を示すヒドロキシ基（—OH）のO原子と水素結合している。

このように水素結合は同一分子内でも立派に働くのだが、一部の教科書には分子間力に分類されていることがある。誤解を招く分類と思える。後で述べるタンパク質やDNAの中で重要な働きをする水素結合は、ほとんどが分子内の水素結合である。

生物の体内には存在しないがフッ化水素は非常に強い水素結合をすることで有名である。フッ化水素の化学式はH—Fで、Fは最高の電気陰性度を持つ。したがってH—Fは特に強く$H^{\delta+}$—$F^{\delta-}$に分極しており、(c) に示すようにフッ化水素同士は強く水素結合する。$H^{\delta+}$と$F^{\delta-}$の間の共有電子対がFの方に偏りすぎてH—Fの結合が弱められ、(c) の下のように $[F—H—F]^-$ という形になった方が安定になる場合すらある。この場合、左側の分子のFが右側の分子のHに完全に配位結合してしまっている。

水素結合の話の最後に、氷の話をしよう。氷は水が凍って固体になったものである。すでに何度も見てきたが、水分子はO原子が４面体の中央にあり、４つの頂点方向に２つのH原子と２つの非共有電子対が配置する。水分子は水素結合を作り得る２つのH原子と、水素結合を受け入れる２つの非共有電子対を持つことになる。氷の中ではこれらすべてを使って整然と水分子が並ぶのである。氷は水の結晶なのだ。

国語辞典の多くは、氷を単に「水が冷えて固まったもの」、雪を「水蒸気が冷えてできた結晶」と説明している。雪は虫眼鏡で見ると確かに形がきれいな結晶である。しかし氷も立派な結晶である。「美しく輝く」のが結晶の科学的な定義ではなく、「同じ分子が縦、横そして高さ方向に、つまり３次元的に規則的に積み重なったもの」が結晶の定義だ。いずれ国語辞典での定義は直して欲しいものである。

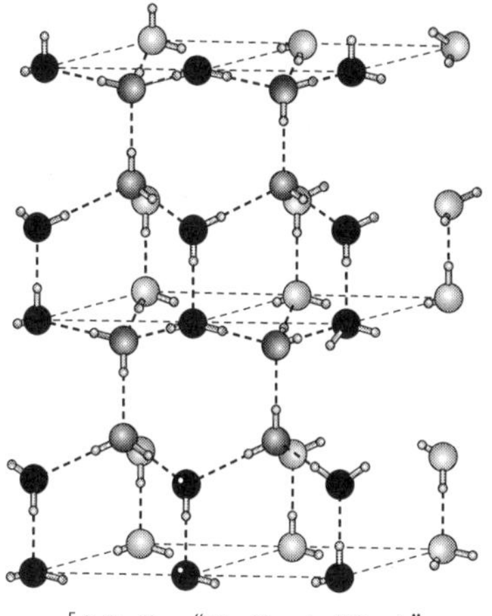

［ L.Pauling, "The Chemical Bond," p.228, Cornell University Press (1967) から引用 ］

図4-9

さて、上下左右前後に水分子が正確に規則的に並び、隣り合う分子との間で可能な水素結合をすべて作ると、図4-9のようになる。図では簡単のために３層のみを示した。いちばん手前にある層のO原子をもっとも黒く、いちばん奥にある層のO原子をもっとも薄く色分けした。各O原子は隣接する４個のO原子と４本の水素結合を介して結合している。ちょうど正４面体の中心に１つの水分子のO原子があり、正４面体の各頂点を４個の水分子からのO原子が占める、実に隙間の多い構造になっている。

氷になると水分子はこのように非常にきちんと配列し、その結果「隙間の多い」構造になる。氷が水に浮くのはこの構造による。水は固体になると膨張する極めて珍しい性質を示す。ほとんどの物質は温度を下げて固体にすると縮まってしまう。このような水の異常な性質のほとんどは、水素結合の性質によっている。水素結合も元をただせば電子の自由奔放な性質に基づいていることを忘れてはならない。

4-4 疎水相互作用とは

疎水基とは「水分子となじめずに水に溶けにくい」性質を持った原子団（複数の原子から構成される化学単位）をさす。電気陰性度が高いNやO原子を含む原子団（親水基）は水分子と水素結合するが、こうした原子を含まない原子団は疎水基になれる。例を挙げると、ヒドロキシ基（$-OH$）、カルボキシ基（$-COOH$）そしてアミノ基（$-NH_2$）はすべて電気陰性度が高い原子を含むので親水基（水分子となじみ水に溶ける）と呼び、メチル基（$-CH_3$）、エチル基（$-C_2H_5$）やペンタデシル基（$-C_{15}H_{31}$）のようにもっぱらC原子とH原子からなっている原子団は水には溶けにくく、疎水基と呼ぶ。ペンタデシル基のようにたくさんのCやH原子からなる物質はいわゆる脂肪であり、水にはなじまない。

ペンタデシル基を含むカルボン酸にパルミチン酸がある（図4-10(a)）。パルミチン酸は疎水基と親水基を併せ持つ分子である。この分子を水に入れるとどんなことが起こるだろう。(b) のように疎水基と親水基を模式的に表す。

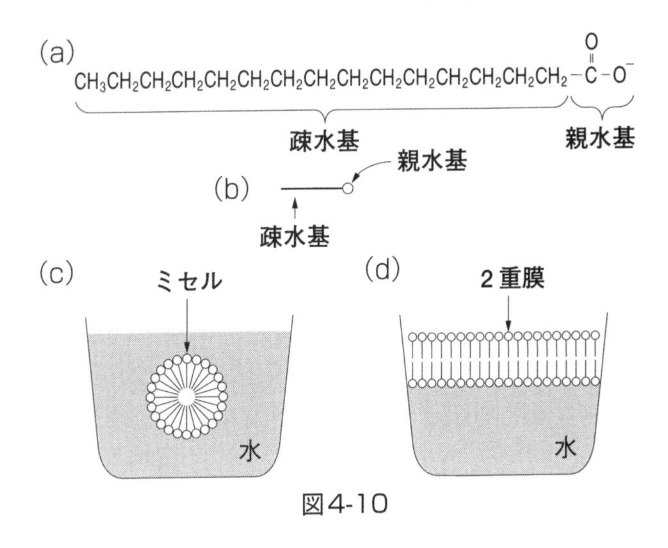

図4-10

疎水基は水に溶けないが、疎水基同士は集合できる。代表的な集合の仕方に2種類ある。その1つが（c）のような状態であり、ミセルと呼ばれる。もう1つは（d）のような状態であり、2重膜と言われる。いずれも水に溶けない疎水性のものは水から遠くなり、親水性のものは水の方向を向くという単純な考えから予測されることであるが、パルミチン酸のような物質がこのような構造を作ることは実験的に確認されている。

（d）の膜は、正に私たちの細胞膜と本質的に同じ構造である。（c）のミセルは私たちの体の中で働く多くのタンパク質の構造と非常によく似ている。（a）のように大きな疎水基と親水基を併せ持つ分子は、水の中で自然にこれらの構造体を作り上げるという意味で非常に興味深い。生物の中の構造体もこのように自発的に構築されると考えられている。

それでは、なぜこのようなことが起こるのだろうか。もう答えは分かっている。疎水基が水をはじくからである。疎水基同士は進んで集合するのではなく、水になじめず水から疎外されるので、否応なく集まる。しかし疎水基が集合してくると、それらの間に働くファン・デル・ワールス力で、それらは丈夫な構造体を作り上げる。社会からパージされたもの同士が相憐れむと言ったらなんとなく陰気な感じがするが、はじめから疎水基同士は手をつなぎたがっているわけではない。実はその裏には、水分子同士の極めて強い結束力がある。

水は水同士または水になじむ物とは非常に強く結束しようとする。そう、別に悪気があってはじくのではなく、水同士があまりに仲がよいからである。その秘密はやはり水素結合である。水の中での水素結合は格別に強く、類似物を寄せつけない。水の中でこのように疎水基が集合する力を、「疎水相互作用」ないし「疎水結合」と呼んでいる。１つ１つの力は非常に弱いので、相互作用と言う方が適している。疎水相互作用は水の極めて強い個性によって起こるもので、他の極性溶媒中ではほとんど見ることのできないものである。

原始の海で、私たちの遠い遠い祖先が誕生した。その１つの細胞はこの水の強い個性のおかげでできた。私たち生物は正に水から生まれ、水に育まれてきたと言えるだろう。たかがH_2O、されどH_2Oである。身近にありすぎるために水の重要さに気づかず、水をあまりに軽んじてきたつけが今私たちに返ってきている。昔は水なんて買うものではなかった。しかしいまや「格好つけ」や「ファッション」ではなく、「まじ」に水を買わなくてはならなくなりつつある。本来日本人がミネラル・ウォーターのボトルを持ち歩くことは「恥」だと思わなければならない。「飲めた」はずの日本の水を「飲めなく」したのは日本人自身である。「飲めなく」なる水を作るのが科学技術ではなく、本来は「飲める」水を作るのが文明であろう。戦後、日本人の品性と水の質が落ちたことは無縁のことではないだろう。

私たちの細胞の中で活躍している大部分のタンパク質は水に溶けやすい。これらのタンパク質は、ある特定の形をとらなければその働きを発揮できないことがいろいろな研究から確認されている。タンパク質を特定の形にするために、疎水相互作用が極めて重要な作用をすることが知られている。１つ１つの原子間に働く疎水相互作用は非常に小さいが、何万、何十万、そして何百万という原子が集まったタンパク質分子の中では、その全体構造を支配するほどに大きな力となり得る。生物の体の中で働いているタンパク質のように巨大な分子の形を考える上で、疎水相互作用は無視できない。疎水相互作用からは表面上、電子の役割が見えなくなっているが、水分子の強烈な個性はO原子上の非共有電子対によっていることを忘れてはならない。

4－5　結合や相互作用の強さの比較

ここまでに出てきた各種の結合および相互作用のまとめとして、それらがどの程度強いかのおおまかな比較をしてみよう。結合や相互作用の強さは、そうした結合などを1モル（6.02×10^{23}個）（mol）の分子に対して作る（作用させる）にはどの程度のエネルギー（kJ［キロジュール］）が必要かで表す。熱量の単位は生物関係ではまだカロリー（cal）が使われているが、科学一般ではジュールを使うことが多い。もともとは純水1gの温度を1気圧のもとで1℃上昇させるために必要な熱量を1カロリーとした。その後、定義がいろいろ変わり小数点以下の数字は変わったが、おおよその目安はこの数字で充分である。物理学で用いるJとの換算は1cal≒4.18J、1J≒0.24calである。つまり純水1gを1気圧下で1℃上げるためには約4Jが必要である。1gの水は1/18モルであるから、水1モル当たりは約72Jということになる（つまり約72J/mol）。

もうひとつ日常的な観点からエネルギーを見てみよう。体重60kgの人が高さ3mの階段を1回上がると、約1764Jつまり約420cal消費する。1個400kcalのハンバーガーを食べ、その20％が有効に使われたとすると、80kcalがこのハンバーガーから使えるエネルギーとしてとり出せる。つまり、このハンバーガーを食べて頑張ると約190回この階段を上がることができることになる（降りる場合に使うエネルギーは考えていない）。190回を過ぎると文字どお

kJ/mol		
350	共有結合	 —C　C— ⇨ —C—C—
40	タンパク質の構造の安定性	 ⇨
30	高エネルギーリン酸結合	ATP（アデノシン三リン酸）⇨ ADP（アデノシン二リン酸）＋ Pi（リン酸）
10	疎水相互作用	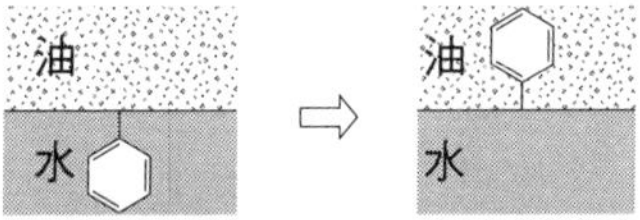 油 水 ⇨ 油 水
4	静電相互作用	 ⊕ ⊖ 水 ⇨ ⊕⊖ 水
3	水素結合	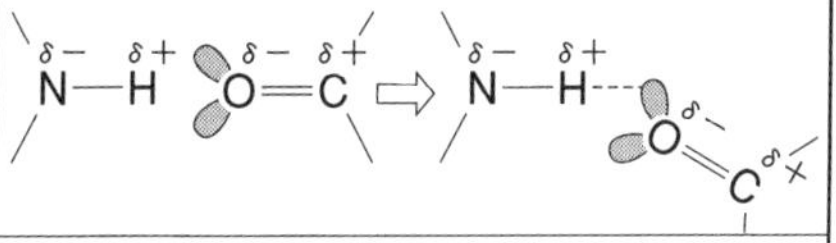 $\overset{\delta-}{N}$—$\overset{\delta+}{H}$　$\overset{\delta-}{O}$=$\overset{\delta+}{C}$ ⇨ $\overset{\delta-}{N}$—$\overset{\delta+}{H}$---$\overset{\delta-}{O}$=$\overset{\delta+}{C}$
2.5	熱振動	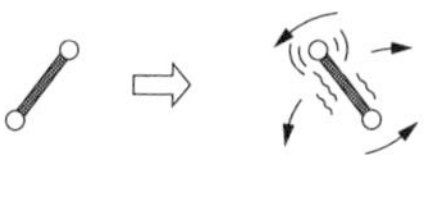 ⇨ 振動、回転、並進
1	ファン・デル・ワールス相互作用	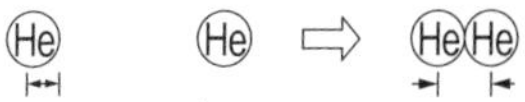 He　He ファン・デル・ワールス半径 ⇨ HeHe ファン・デル・ワールス接触

図4-11

り燃料切れになる。

分子の世界では原子の数をいちいち意識するとたいへんなので、常に1モルで換算した量を考えることが常識になっている。したがってある化学結合を作るのに何Jと言った場合、断りがない限り1モル当たりであると考える。

さて生物の体の中にある分子内や分子間で働く各結合や相互作用の強さは、おおよそ図4-11に示したような値である。縦軸方向が強さ（ここではkJ/mol［1モル当たりのkJの量］）を表している。この表をざっと説明しよう。

共有結合は結合に関与する原子の種類によって変わり、結合の強さは単結合＜2重結合＜3重結合の順で強くなる。私たちが生命活動を行う場合もエネルギーが必要であり、そのエネルギーを食物から取る。生物体ではATP（アデノシン三リン酸）という分子をエネルギーとして使う。ATPを生体内で分解すると（燃料を燃やすことに相当する）、ADP（アデノシン二リン酸）とPi（リン酸）になる。その際、30kJ/molのエネルギーがとり出せ、このエネルギーを用いて体内では生命活動の歯車を回すのである。

水中にある疎水的なベンゼン環は水にはじかれて油の層に移る。油の層に移った方が安定になる。この程度の分子の大きさになると、弱いとは言いながら静電相互作用よりも強い力が働く。疎水的な分子が水中にある場合、疎水相互作用は無視できないほど大きいことがこのことからも分かるであろう。

静電相互作用と水素結合の強さはほぼ同じであるが、すでに述べたように、水素結合は強い方向性を持っている点が大きく異なる。ファン・デル・ワールス相互作用は、モル当たりに換算すると最も弱い相互作用である。１つ１つの分子はとても軽いので温度によって常に動き回っている。分子全体が回転や並進するだけでなく、原子が振動するので、原子を結ぶ結合も伸び縮みする振動を受けている。27℃では、この熱によるエネルギーは約2.5kJ/molである。つまりこれ以上強い力で結合（あるいは相互作用）していないと、27℃ではその結合（相互作用）は切れてしまうということである。したがってファン・デル・ワールス相互作用のみで接近している原子同士は室温では絶え間なく離合集散を繰り返しているということになる。

さて、この表では配位結合、イオン結合そして金属結合の強さの程度は示していない。これはなぜだろうか。

配位結合は基本的に共有結合と同程度の強さを持っている。イオン結合は、関与する原子の種類とイオンの価数によって値が異なる。またイオン結合はNaClの結晶のように、結晶状態になって陽イオンと陰イオンがぎりぎりまで接近している場合をさす。静電相互作用という時には陽イオンと陰イオンの距離はもう少し離れており、いずれの場合でもそれらの間に働く力はすでに述べたクーロンの法則で計算できる。ちなみにNaClの結晶中ではNa^+とCl^-イオンの距離は2.76Åで、εは１（２つのイオンの間にはなにもないので）であるから、約500kJ/molと見積もれる。もし水中で＋１と－１の電荷が4.0Å離れているとすると、その間に働く力は約86kJ/molとなる。金属結合も金属によって強さはいろいろである。例えばNaでは89kJ/molであるが、W（タングステン）ではその10倍もの799kJ/molである。

高等学校の化学の参考書などに、共有結合、イオン結合そして金属結合の強さの順番を断定的に記述しているものがあるが、いま述べたように、原子の種類によってその値が大きく異なるため、このような断定的な表現は誤解を招きやすい。

タンパク質はおおよそ1万個以上の原子からなる非常に大きい分子である。私たちの体の中でタンパク質は生命活動の極めて重要な担い手であるが、タンパク質はある特定の立体構造をとらないとその重要な役割を果たすことができない。タンパク質の鎖状の構造は基本的には共有結合でできているが、その鎖が折り畳まれる（立体構造を作る）時には静電相互作用、疎水相互作用、ファン・デル・ワールス相互作用そして水素結合が働く。これらの力や相互作用が効果的に働くように設計されているので、タンパク質の鎖はいったんほぐれても自動的に折り畳むことが少なくない。

タンパク質をはじめ生命活動に携わるさまざまな分子の働きも、究極的には図4-11（135ページ）に示す原子間の結合や相互作用によって実現している。

図4-11の左端の数字はあくまで1つの目安に過ぎない。特に下の方にいくにしたがって、場合によっては上下の順序が入れ替わることもある。

第5章
分子の
立体構造が決め手

これまでの話の中でも、すでに分子は立体的な構造をとっていた。むしろ立体構造をとらないと、その分子は目的とする性質を発揮できないということを繰り返し述べてきた。この章では化学結合や分子間力で分子がどのように立体的に構築されるか、またそれらの立体構造がどういう意味を持つかについてさらに考えてみることにする。

高等学校までの教科書ではあまり分子の立体構造の側面には触れない。それでも分かることが多いのも確かであるが、話が平面的になることは否めない。分子の立体構造とダイナミックな化学反応の妙味を除くと、確かに化学は〝気の抜けたコーラ〟のような味になるだろう。それでも甘ければよいのだが。ここでは分子が作り出すバラエティーに富んだ立体構造の特徴について述べることにする。

5-1 2重結合のまわりでは回転できない

唐突だが焼き鳥を思い出していただきたい。焼き鳥は、通常鶏肉を図5-1(a) のように串刺しにしたものを炭火な

(a)

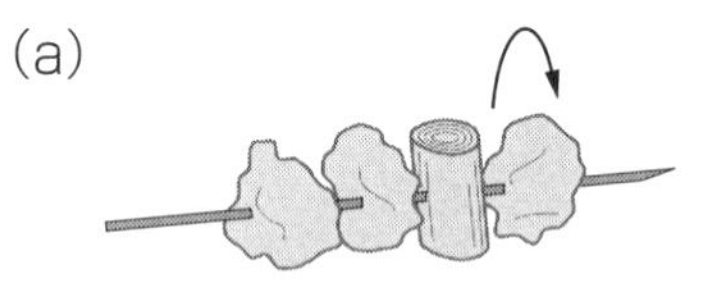
焼き鳥は串のまわりを
回転できる

(b)

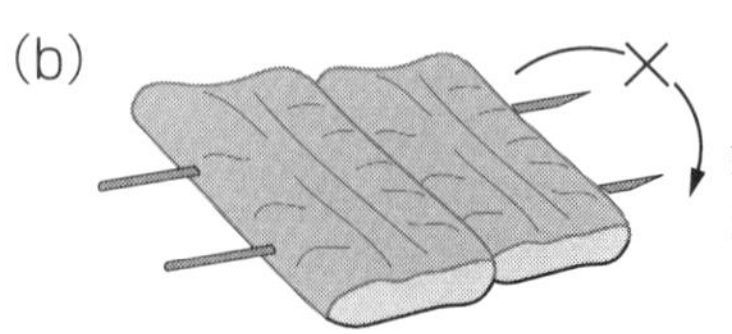
蒲焼きは串のまわりを
回転できない

図5-1

どで焼いたものである。このように串１本に刺すと、焼き鳥は串のまわりを回転できる。ところが、(b) のように鰻の蒲焼きの場合、串が２本通っているので串のまわりに鰻を回すことはできない。

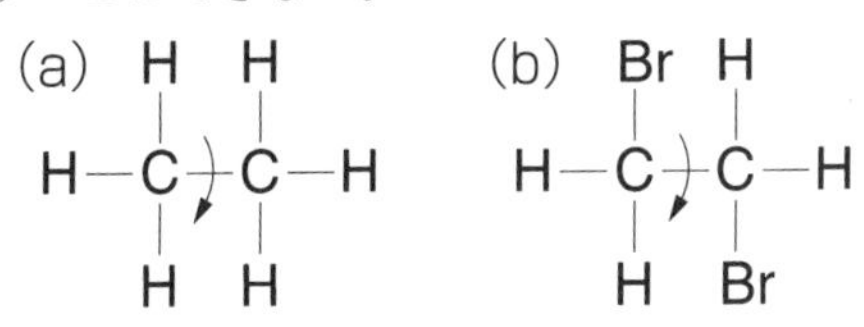

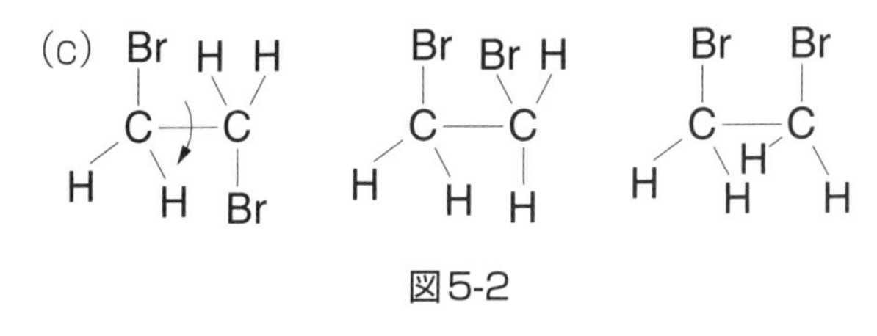

図5-2

エタン分子は図5-2(a) に示す化合物である。いま目印として、左右のC原子についたH原子の１つずつを臭素原子（Br）に代えてみる (b)。２つのC原子の間は単結合であり、C—C結合という１本串のまわりで鶏肉に相当するBr原子を回転することは可能である。例えば、(c) のように少なくとも３つの状態をとれる。回転は360°、限りなく細かくできるので、串のまわりの回転により可能な２つのBr原子の相対的な配置は無限に考えられる。(b) のような化合物を1,2-ジブロモエタンという。C原子が２つあるのでそれらを１と２で区別し、１と２のC原子それぞれに１つずつ計２個のBr原子が結合していることを示す。ブロモは臭素原子が結合していること（英語で臭素は

bromine)、ジ（di）は臭素原子が２つ結合していることを意味する。

さてそれでは、1,2-ジブロモエタンの中央のC—C結合が２重結合になった化合物を考えてみよう。その化合物は1,2-ジブロモエチレンである。エチレンの２つのC原子にBr原子が１つずつ結合している。その化学構造は、Br原子が２重結合に対して同じ側を向いている場合は図5-3（a）のように書け、Br原子が２重結合に対して反対側を向いている場合は（b）のように書ける。２つのC原子を結ぶ２重結合まわりの回転は蒲焼きと同じく自由ではない。したがって（a）から（b）、そして（b）から（a）への回転はできない。そうすると1,2-ジブロモエチレンという名前のついた化合物には２種類あることになる。本当なのだろうか。

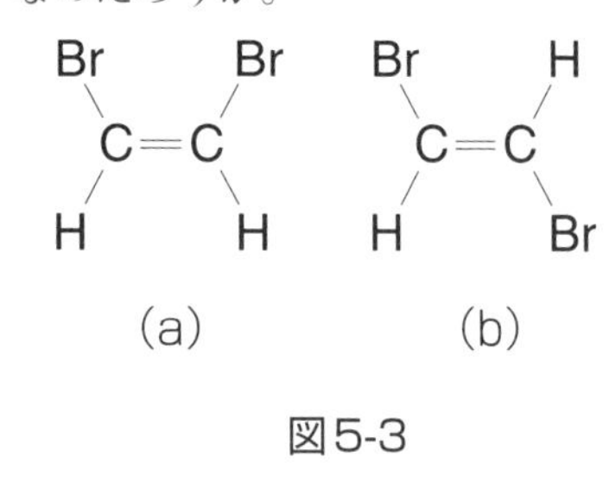

図5-3

実際に1,2-ジブロモエチレンを作ってみると、融点が－53℃の化合物と－6.5℃の化合物が得られる。それらの構造を調べてみると、前者は（a）、そして後者は（b）の構造をとることが分かった。つまり、（a）と（b）は基本的に別の化合物と考えてもおかしくない性質の差をもっていて、それは図5-3に示す構造の差に基づく。これに対して1,2-ジブロモエタンは１種類しかなく、その融点は当然１つで10℃である。

このように、その分子に含まれる原子の種類と数が同じでも、異なる性質を示す構造を異性体と呼ぶ。先の例を言い換えると、1,2-ジブロモエチレンには２種類の異性体があるが、1,2-ジブロモエタンには異性体がないことになる。(a) のように２重結合に対して同じ側にBr原子などの原子（または原子団）のある異性体をシス（cis）異性体、互いに反対側にある異性体をトランス（trans）異性体という。cisはラテン語の「こちら側の」、transはラテン語の「横切って」という意味に基づく。cisとtrans異性体は２重結合に対して同じ側か反対側かという位置関係に基づく異性体で、「幾何異性体」と呼ばれる。1,2-ジブロモエチレンの場合、cis異性体とtrans異性体の融点は非常に大きく異なった。融点だけでなく沸点も両者で異なる。幾何異性体の化学的性質は一般的に大きく異なる。

当然生物に対する働きも、シスとトランス異性体では大きく異なることが普通である。図5-4には１つの例を示した。1,2-ジブロモエチレンのBr原子を、カルボキシ基

```
(a)                          (b)
HOOC        COOH             HOOC        H
    \      /                     \      /
     C＝C                           C＝C
    /      \                     /      \
   H        H                   H        COOH

        (c) HOOC        COOH
                \      /
                 C―C
                / \ / \
               H  HH   H
```

図5-4

(—COOH）に置き換えた化合物である。これらは通常違った名前で呼ばれる。(a）はマレイン酸と呼ばれ、(b）はフマル酸と呼ばれる。マレイン酸は細胞にとって有毒な物質であるが、フマル酸は細胞の中でエネルギーを作る大事な中間原料になる。詳しく言うと、フマル酸は生物体内でエネルギーを作る仕組みの１つであるクエン酸回路の中で、コハク酸の脱水素ででき、続いてリンゴ酸に変換される。

このように両化合物中のC原子の数は４、H原子の数は４、そしてO原子の数も４とまったく同じ原子種と原子数を持つにもかかわらず、「月とすっぽん」で片や有毒、片や有益である。マレイン酸の融点は130.5℃であり、フマル酸の融点は286℃である。融点も両者で非常に大きく異なっている。

ちなみに（c）に示したC—C単結合を持つ化合物はコハク酸である。コハク酸は文字どおり、コハクの乾留により発見されたもので、植物や動物中に存在し、クエン酸回路の重要な中間原料にもなっている。コハク酸の融点は185℃である。コハク酸をナトリウム塩にすると、貝の旨味成分にもなる。

少し横道にそれたが、幾何異性体はその化合物の性質を決める上で非常に重要であることがこの例からも分かるであろう。慌てて書いたら間違いそうな、そしてなんとなく上に書いても下に書いてもどうでもよいような幾何異性体を、生物は上手に使い分けている。さすがである。

例えば図5-5(a）のように４個の団子を４本の串で刺し

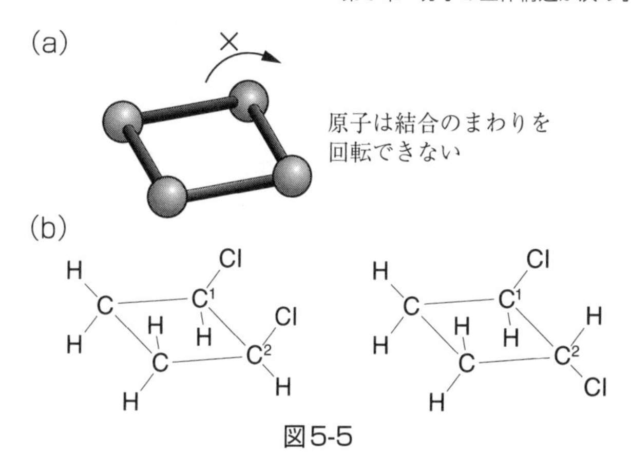

図5-5

て、４角を作ることを考える。この場合、各団子同士をつないでいる串の数は１本であるが、串のまわりに回転することはできない。ちょうど蒲焼きの場合と同じ状況が起こる。つまり単結合であっても、複数の分子が輪を作ると各単結合のまわりに原子を完全に自由回転することはできない。無理に団子を回転させると団子は崩れてしまう。つまり、分子が輪を作ると、各結合についてシスとトランス異性体ができる可能性が出てくる。

実際に（b）の２つの分子はシスおよびトランス異性体である。左側がシス-1,2-ジクロロシクロブタンで右側がトランス-1,2-ジクロロシクロブタンである。C原子４個が輪になったブタン

$$\left(\begin{array}{ccccccccc} & & H & & H & & H & & H & & \\ & & | & & | & & | & & | & & \\ H & — & C & — & C & — & C & — & C & — & H \\ & & | & & | & & | & & | & & \\ & & H & & H & & H & & H & & \end{array}\right)$$

をシクロブタン（C_4H_8）という。シクロ（cyclo）とは輪になった

ことを示す。日本では「環」という言葉を使う。シクロブタンの場合、４個のＣ原子からなる環なので４員環という。ベンゼンは６員環である。ジクロロは２つの塩素原子（塩素を英語でchlorineという）がＣ原子に結合していること、1,2の数字は隣り合ったＣ原子にCl原子が結合していることを示す。この場合は2,3でも3,4でも、ひねくれば4,1という数字を付けても別に構わないが、最も番号が小さくなるものを付けるのが規則になっている。もちろんシスとトランス異性体の性質は異なる。

さて、このように環状の化合物になると、２重結合を含まなくてもシス、トランスの異性体が生じることがある。つまり、ある結合のまわりの回転が自由にできないことで、その結合に対して同じ側と反対側が区別され、シスおよびトランス異性体となる。

5－2　単結合まわりの自由回転はどこまで自由か

自由回転できると言いながら、「どこまで自由に回転できるか」というのは少しインチキではないかと思うかもしれない。確かにＣ—Ｃ単結合のまわりでの回転は自由にできると言ったが、果たして自由とはどういうことか。

また例え話だが、私たち日本人は日本国内ならどこへでも行ける自由がある（もっとも、米軍基地とか他国の大使館、そして日本国であっても特定の政府機関には通常は市民は立ち入れない）。しかし歩いて行くのならともかく、電車に乗って移動するとなると、自由といっても持っているお金によって大きな違いが出てくる。1000円しか持っていないのと、100万円持っているのとでは、自由の幅に非常に大きな違いが出る。1000円しか持っていないと、たいていは首都圏からまず出られない。100万円持っていれば、日本と言わずイギリスまで行っても少なからずオツリがくる。「原則的な自由」と「実際の自由」の間には極めて大きなギャップがあることを忘れてはならない。いまの場合、「実際の自由」を手に入れるためにはお金が要る。分子の世界ならエネルギーが要る。

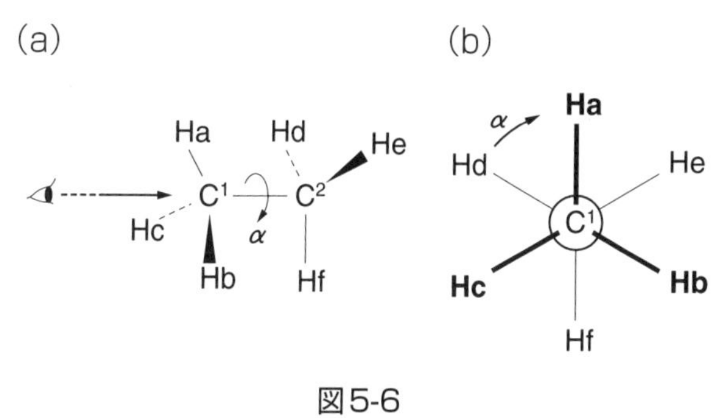

図5-6

図5-6(a) のエタン分子の場合を考えよう。中央のC—C単結合のまわりの回転については自由である。文字どおりくるくる回れることである。が、ここでちょっと考えてもらいたい。C^1原子からC^2原子を見た図を（b）に示した。手前のC^1原子に結合したH原子を太字で区別した。C—C結合のまわりで回転すると、向こう側の３つのH原子がちょうど風車のように回転する。この図で、はじめHdはHaとHcの間に挟まれているが、矢印の方向に回転する

につれてHaに近づき、そして60°回転するとHaの裏側にHdはまったく隠れてしまう。つまりこの方向から見るとHaとHdは重なってしまう。さらに回転するとHdはHaの裏側から顔を出し、そしてHeの位置まで回転してくると、最初と同じ状態に戻る。

私たちはすでにファン・デル・ワールス相互作用というものを学んだ。この相互作用は離れた原子の間にも働く。Hdを回転するにしたがって、HaとHd、HbとHe、HcとHfはまず近づき、重なり、そして離れていく。これら3対以外の原子間の距離は回転によって変化しない。そこでこれらの3対の原子間に働くファン・デル・ワールス相互作用を縦軸に、回転角（α）を横軸に目盛ってみる。HdがHaとHcのちょうど中央にある場合の相互作用をゼロと置くと、図5-7のようなグラフが描ける。相互作用は(a)の位置で最低であり、(b)の位置で最高になり、そして(c)の位置で(a)と同じ最低に戻る。後は同じ曲線の繰り返しである。図では−60°以下、+60°以上も示した。考えてみ

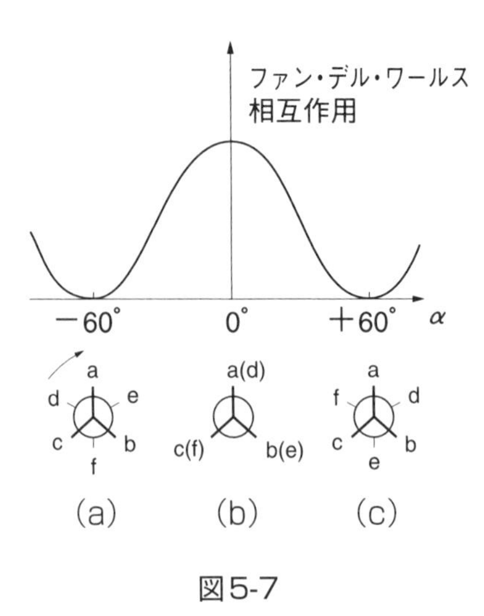

図5-7

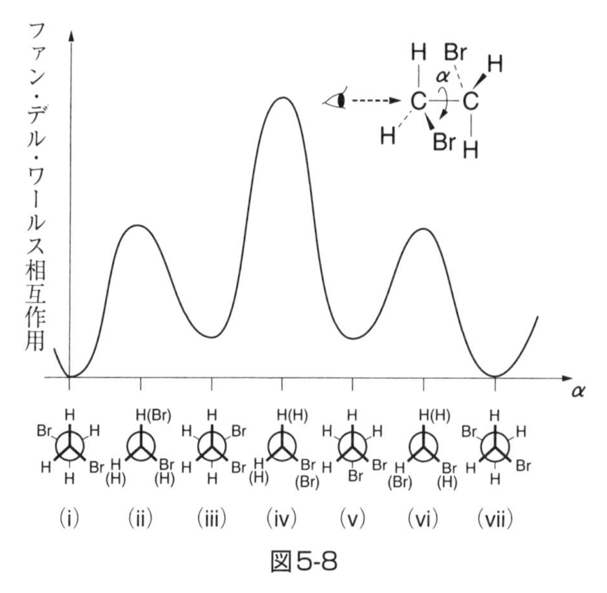

図5-8

れば当たり前で（a）ではすべてのH原子は最も離れており、（b）ではそれらすべてが最短距離になっている。

次に1,2-ジブロモエタンについて考えてみよう。Br原子はH原子よりも大きいので、ファン・デル・ワールス相互作用の大きさの順はBr…Br＞Br…H＞H…Hになる。したがって回転に伴うファン・デル・ワールス相互作用の変化は図5-8のようになる。BrとBrが重なる時（iv）はいちばん相互作用は大きくなり、BrとBrが最も離れる時（i）と（vii）は相互作用がいちばん小さくなる。全体の曲線はエタンの時よりもだいぶ複雑になる。

いくらC—C結合のまわりで自由な回転ができると言っても、回転によって構造内で生じる原子同士のぶつかりには大きな差がある。通常は、分子内でのぶつかりが最も少ない構造が最も安定であり、存在する確率も最も高い。内部に不満分子の多い国は政情不安にあることと同じである。もっともこの場合は不満原子であるが。

相互作用はエネルギー単位（kJ/mol）で表すことが多いので、分子内部のエネルギーが最も小さいものが最もとりやすい構造ということになる。この図でC—C結合のまわりに回しながら、(i) から (iv) に近づき、(iv) の山を越え、再び (vii) [＝(i)] に戻ることを考える。温度をずっと下げていくと、この (iv) の山を越えることは難しくなる。逆に温度を充分に上げると、この (iv) の山を楽々越え、この結合のまわりの回転はすらすら行えるようになる。

先ほど述べた例えで言えば、お金を持つことによってより大きな自由度が得られたことになる。お金（エネルギー）があれば、大きな問題も（すなわちエネルギーの高い壁も）越えることができる。したがって単結合のまわりでは自由回転ができると言ったが、それはあくまで分子内における原子間の相互作用の仕方と温度に依存する。原則的に回転ができても、越えるべき山が高すぎたり、与えられたエネルギーが不充分であれば、回転は実際上できない。

先にシクロブタンで見たように、C—C単結合であっても、その回転が分子の破壊（C—C単結合の切断）を伴わないと起こらない場合には、回転は通常の状態では絶対に起こらない。自由という言葉の響きはよいが、本来自由には厳しい条件がついているものである。無条件の自由などという甘い話があるはずがない。

さて、このように回転の自由度がある結合のまわりでとり得る立体構造を、立体配座（コンフォメーション）という。例えば図5-8の例では（i）と（iv）は異なる立体配座をとる、という表現になる。あるいは立体配座（i）は立体配座（iv）より安定であると言う。完全に自由ではないにしてもC—C単結合まわりの回転が可能な場合、私たちは複数の立体配座があることを予想する。

２重結合のまわりについて、私たちはシスとトランスの２種類の構造が存在することを見てきた。しかし単結合のまわりについては基本的には無限の数の構造を考えることができる。含まれる原子の種類と数が同じであっても、構造の可能性が無限にあることになる。化学があまり好きでない立場からは、ぞっとする話に違いない。しかし心配する必要はない。実際に問題にされるのは分子内部のエネルギーが低いいくつかの立体配座のみである。つまり1,2-ジブロモエタンの場合はたいていは（i）の立体配座をとり、（iv）の立体配座を考える必要は普通はない。このある程度制限された単結合まわりの自由度が、生物体内で働く分子の柔軟な活動の秘訣のひとつになっている。

5-3　右手の分子と左手の分子

軍手の場合は違うが、普通右手の手袋には左手は入らない。分子の中には同じ組成を持ちながら、右手と左手の関係にある分子がある。論より証拠、図5-9(i) にアミノ酸

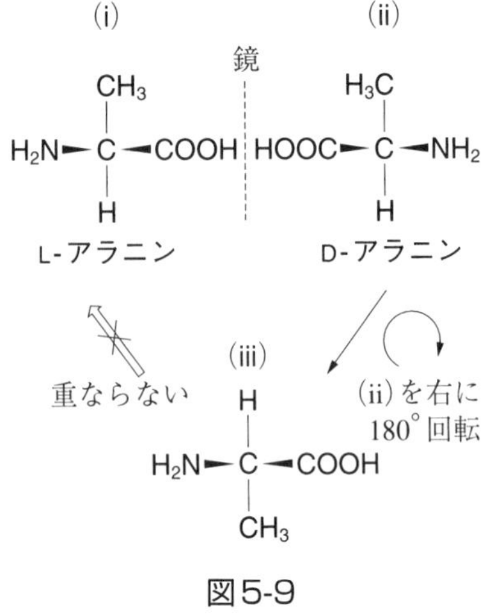

図5-9

の1つであるアラニンという分子を示した。

右手を鏡に映すと左手になるように、左側のアラニンを鏡で映すと右側のアラニンになる。分子の中央にあるC原子は4面体構造をとる。楔形の結合は紙面から手前に突き出ていることを示し、実線の結合は紙面内にあることを示す。このように作図すると、分子の立体的な特徴を平面上で表すことができる。ここには示さないが、平面の背後方向に向く結合は点線や破線で示す。分子（i）と分子（ii）は重ね合わせることができない。ちなみに、（ii）の分子をNH_2と$COOH$が（i）と同じになるように回転する（iii）とHとCH_3の方向が（i）の場合と逆になり、結局は（iii）と（i）は重ならないことが分かる。このように、同じ分子式にもかかわらず、どのように回転しても重ならない分子を光学異性体という。

図5-10には図5-9(i）と（ii）に相当する立体構造を示した。(i）と（ii）がまったく重ならないこと（光学異性）を読者自らが確認してみることを薦める。(i）はL-アラニン、(ii）はD-アラニンと呼ばれる。

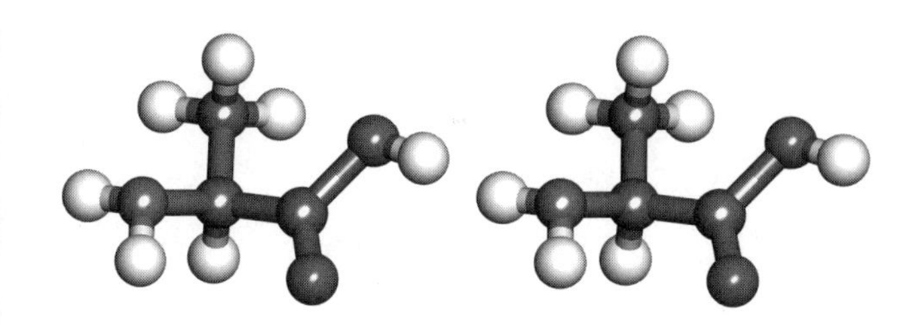

L-アラニン

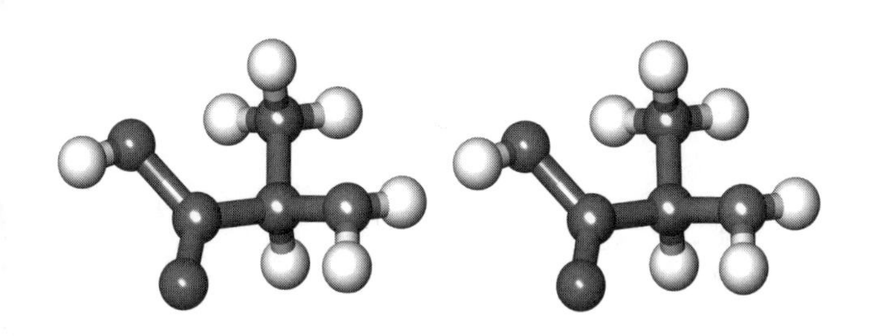

D-アラニン

図5-10

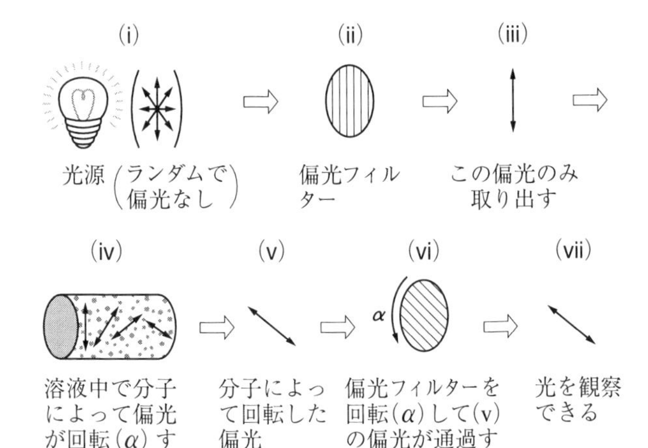

図5-11

L-アラニンはD-アラニンを鏡に映した形をとっているが、それはどのような分子の性質の差に反映するのだろうか。

L-アラニンとD-アラニンの沸点、融点、密度、溶媒への溶解度などの性質はまったく同じである。両者の差は、光をどう偏光するかという性質だけに認められる。

水面からの反射光を偏光メガネで覗くと、水面を見ていてもあまりまぶしくないので、釣りをする人は偏光サングラスをよく用いる。光はなにかの表面によって特定の角度で反射されると、偏光する。通常の光は進行方向に磁場と電場がランダムな角度をなして振動しているが、偏光フィルターを通すと、水面で反射される場合と同じように、1方向だけにそろった光（偏光）だけを得ることができる（図5-11）。この偏光をL-アラニンのような鏡像を持ち得る分子の溶液に通すと、偏光の面がこの分子によって回転される。したがって（ii）で使った偏光フィルターと同じもの（縦方向の偏光フィルター）を（vi）に置くと、溶液を通過してきた光はこの２番目のフィルターをまったく通らない。しかし、この２番目のフィルターを分子によって回転した角度α分だけ（v）回転してやる（vi）と、（vii）のように偏光した光が見えるようになる。偏光角αは物質によって異なる。

例えば、ある条件で測定するとL-アラニンのαは$+2.8^\circ$であり、D-アラニンのαは-2.8°になる。LとDではまったく反対向きに偏光が回転する。L-アラニンとD-アラニンのように偏光に影響を与える分子を「光学活性分子」と言う。ベンゼン分子のように鏡に映した分子がもとの分子とまったく重なるような分子は光学不活性である。

L-アラニンは私たちの体を作るアミノ酸の１つであるが、D-アラニンを私たちの体の中で使うことはまったくできない。D-アラニンは甘い味がするが、L-アラニンは無味である。L-アラニンとD-アラニンのような光学活性の性質はどのような分子に現れるのだろうか。図5-9について見ると分かるが、中央のC原子には異なる４種の原子団（COOH、NH_2、CH_3そしてH）が結合している。このようにすべて異なる原子団が結合しているC原子を不斉炭素原子という。つまり**図5-12**のように不斉炭素原子があると、必ず右手と左手の関係が生じる。つまり光学活性は分子の中に少なくともひとつの不斉炭素原子があれば生じる。

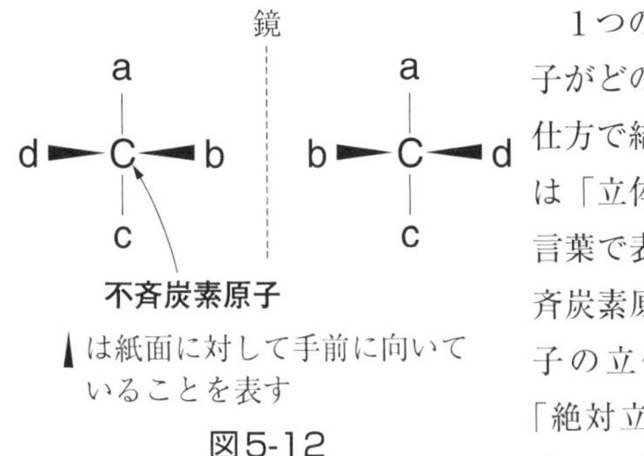

図5-12

1つの原子に他の原子がどのような配列の仕方で結合しているかは「立体配置」という言葉で表現される。不斉炭素原子まわりの原子の立体配置を特に「絶対立体配置」と言う。つまりL-アラニンの絶対立体配置は図5-9(ii) ではなく (i) である。後で述べるX線結晶解析を用いると、αが正の符号を持つアラニンの絶対配置が (i) と (ii) のどちらかであるかを厳密に実験的に決定することができる。話が難しくなるので、ここまでとするが、X線結晶解析は分子の右手と左手を決める有効な手段である。

アラニンのL体は私たちの体（正確にはタンパク質）を作るが、D体はなんの役にも立たない。また私たちにとって味も異なる。したがってその化合物がDであるかLであるかは私たち生物にとっては非常に重要なことである。私たちの体を作るタンパク質はL体のアミノ酸のみからなっているが、私たちの体の中で働いている種々の糖（炭水化物）はすべてD体である。分子が右手か左手かを私たちが日常的に意識することはないが、生物活動にとっては重大な問題なのだ。

図5-13のドーパという化合物は不斉炭素原子（＊印をつけた）を持っているので光学活性分子である。D体とL

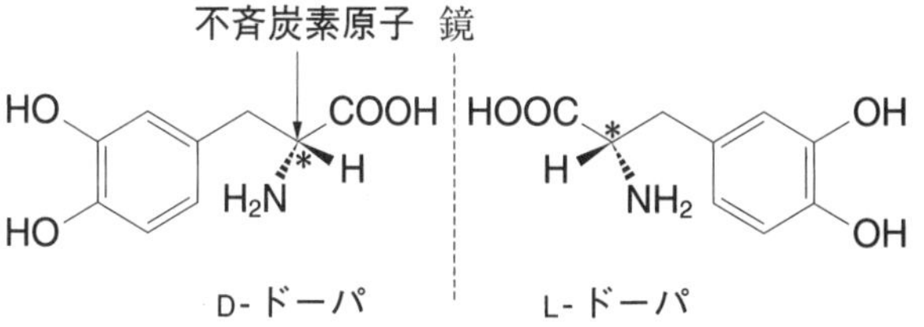

不斉炭素原子　鏡

HO　HO　COOH　H　H_2N　HOOC　H　NH_2　OH　OH

D-ドーパ　L-ドーパ

は紙面に対して手前に、
は紙面に対して奥側に向いていることを表す

図5-13

体のうち、L体は難病の１つであるパーキンソン病に効くが、D体はそのような作用はまったく持っていない。これは私たちの体の中にL-ドーパのみを認識することのできるタンパク質があり、このタンパク質にL-ドーパは作用してパーキンソン病を治す効果を示す。しかし、D-ドーパはこのタンパク質にまったく作用できないので、治療効果もない。この場合、薬は手でこのタンパク質は手袋ということになる。このタンパク質が右手袋であれば、右手の分子（この場合L-ドーパ）しか作用できなくても当然であろう。D-ドーパのように、私たちになにも影響を与えなければそれでも問題が少ない。しかしサリドマイドのように、一方の光学異性体が極めて重い副作用を示す場合には、薬としてどちらの構造をとるかは大問題である。

なぜ地球上のほとんどの生物が、L体のアミノ酸しか使っていないのか。それは今でも大きな謎である。いろいろな説がその必然性の合理的な説明を試みたが、あまりうまくいっていない。最悪の（あるいは最良の）説は原始生命が宇宙から渡来し、それがL体のアミノ酸を持っていたとするものである。

『スター・ウォーズ』ではないが、真の説明を「宇宙のはるかかなたのどこかの天体」へと先送りするものである。若い読者の中に将来この問題を解く人が現れることを切望する。L体の問題だけではなく、生命の起源を分子レベルで探ることは、天文学の長足の進歩とあいまって、非常に興味深い課題のひとつになるだろう。

さてこれまでその分子がいわば右手になるか左手になるかはその分子の中に不斉炭素原子があるかないかで決まると言ってきた。ところが、別に不斉炭素原子がなくても光学活性を示す場合がある。図5-8(iv)（149ページ）の立体配座のエネルギーが非常に高くなると、普通の温度では乗り切れなくなる。すると実質的にC—C結合のまわりの回転は起こらなくなる。C—C結合まわりの自由回転は原理的には可能でも、現実的にはできなくなるというわけである。

図5-14(a) の化合物は、中央のC—C結合のまわりにはほぼ自由な回転ができる。ところが (b) の化合物ではC—C結合まわりに回転すると、途中でCOOHとFがぶつかりあう（ファン・デル・ワールス相互作用）ので、回転はスムーズにはできなくなる。そして (c) の化合物にいたってはC—C結合まわりの回転は普通にはできなくなってしまう。

図5-15(a) に模式で示すように大きな原子団が回転すると、どこかでぶつかってしまうところができてくる。そうすると (b) から (c) への変化は実質的に起こすこと

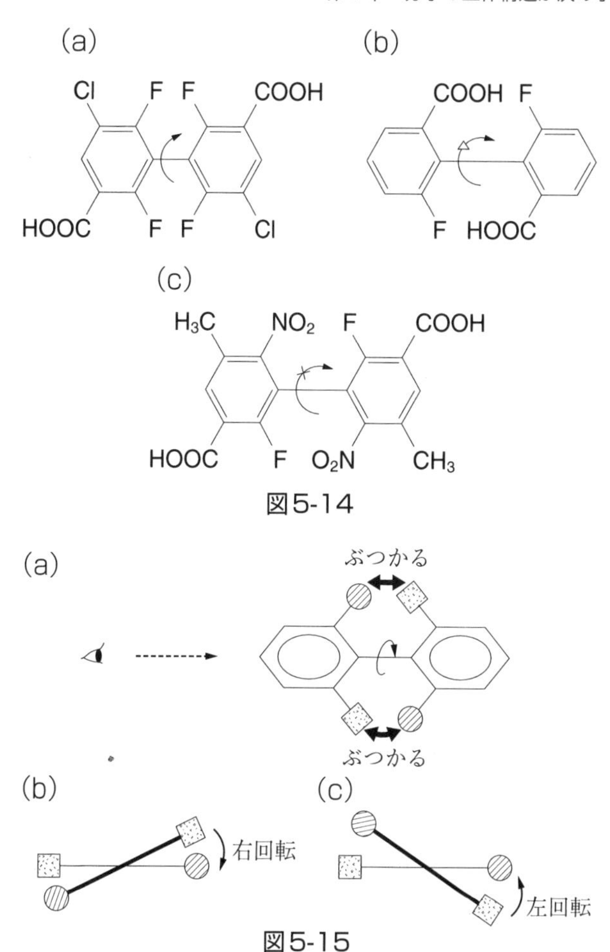

図5-14

図5-15

ができないので、例えば室温では（b）と（c）は異なる分子として区別することができる。（a）のようにC—C結合に沿って見る時、手前のベンゼン環を太線で表すと

(b) では手前のベンゼン環についた░から◍を見ると右ねじを回転したようになる。それに対し、(c) では░から◍を見る方向は左ねじの回転方向である。(b) の立体配座と (c) の立体配座は偏光を反対向きに回転し、光学活性になる。つまり (b) と (c) はちょうど右手と左手の関係になる。さらに図5-16(a) のようにねじれた状態を (b) のように固定してしまえば、(b) が光学活性になることは容易に想像できるだろう。

以上のように不斉炭素原子がなくても、分子が右手と左手になれる場合がある。もし (a) の構造を (c) のように書くと、ただ一種しかこの分子はないように見えてしまう。立体的な構造まで考えて、はじめてその分子の挙動や性質を正確に知ることができる。

(a)

O_2N COOH
O_2N COOH

(b)

O_2N H_2C—C=O
O_2N CH_2

(c)

O_2N COOH
O_2N COOH

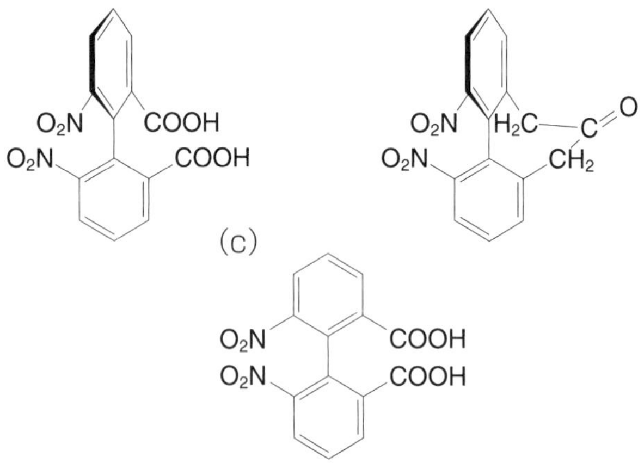

図5-16

5-4 平面から立体へ

ベンゼン環は環内を価電子が自由に動き回るので平面的になっている。図5-17のようにベンゼン環が６個くっついた（縮環した）コロネンという分子は、すべてのＣ原子が同じ平面上にある。つまりベンゼンの場合と同じように電子は分子の中を自由に駆け回っている。

ところが図5-18(a) のように６個ではなく５個のベンゼンがぐるっと回ってくっついた場合、この分子（コランニュレン）はもはや平面にはならない。ベンゼン環内部のすべての角度は、正６角形だから120°である。このように正６角形を（a）のように並べると、中央の５角形は正５角形にならなくてはならない。正５角形の１つの内角は108°である。すると（a）の矢印で示したＣ原子のまわりの角度の合計は348°になり、360°より小さくなる。つまり正６角形と正５角形を維持するためには、これらのＣ原子のところで平面から折れ曲がらないと、それは実現できない。

実際にこの分子の各ベンゼン環は (b) に示すように、中央の５角形平面から少しずつ立ち上がる。次に各正６角形の先にさらに正５角形をつなぎ、そしてさらにその先に正６角形をつけていくという操作を繰り返すと、ちょうど球を正６角形と正５角形で交互に覆った分子が作れる。図5-19に示したフラーレンである。平面である正６角形と正５角形をつなぎ合わせて作った立体的な分子である。サッカーで使うボールはまったく同じパターンで作られてい

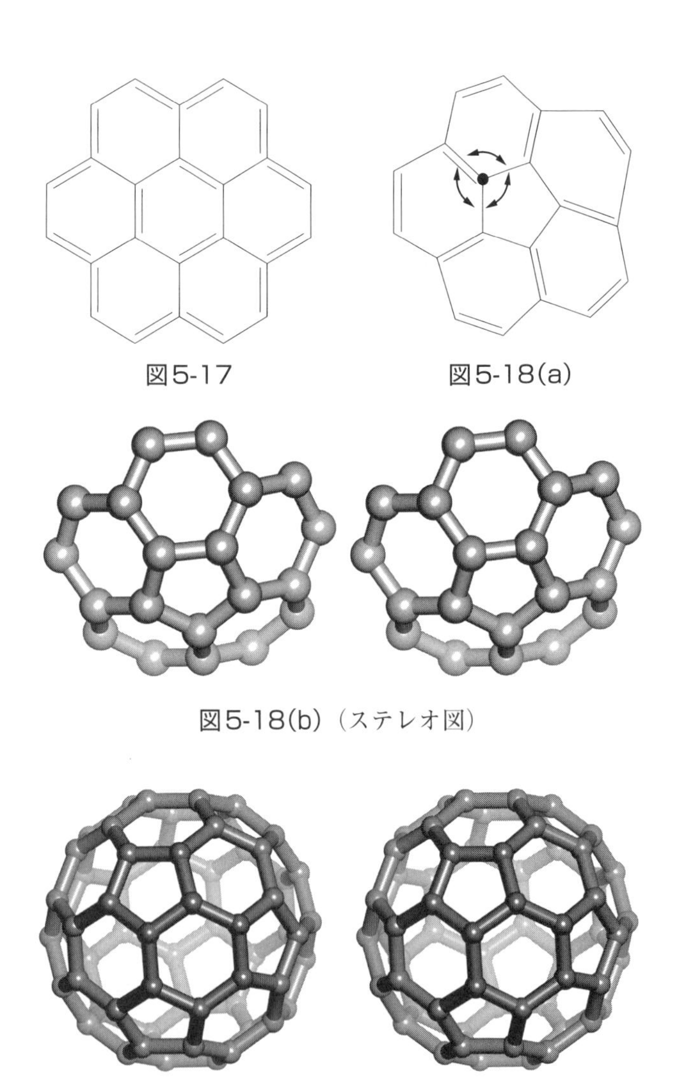

図5-17

図5-18(a)

図5-18(b)（ステレオ図）

図5-19（ステレオ図）

るので、フットボーレンという名前もこの分子には付けられている。まさに立体的な分子である。フラーレン分子が実際に存在し得ることは、1985年に化学者がこの分子を発見することによって証明された。そして発見者たちはノーベル賞に輝いた（1996年）。

しかし、その発見より15年も前に、日本人の化学者がコランニュレンをつなぎ合わせて、60個のC原子を使うとフラーレン（当時そういう名前はなかったが）ができ上がることを理論的に予想していた。ところがそれまでの化学の常識からは、一理論家の夢のようにしか世間では受けとられなかった。その予想を実験的に確かめようという人はおろか、その予想自体を真面目に受け止めた科学者がほとんど日本にいなかったのは残念である。

もっと残念なのは、1970年当時の状況と21世紀に入ってしばらくたった今の状況がほとんど変わっていないということである。つまり、日本では新しい考えや説がなかなか受け入れられない。変な話だが、外国の人が認めると皆「そうだ。そうだ」と言う。多くの日本人は、「これは！」という研究成果は外国の学術雑誌に載せようとする。これには外国の学術雑誌に載ると多くの人々に読まれるという意味もあるが、日本の学術雑誌に載せようとするとかなり多くの場合、受け入れられないという現実も絡んでいる。新しいもの、それも身内から出た新しいものに必要以上に批判的になるのは、あるいは日本人の気質なのかもしれない。ぜひ若い人たちには偏見のない判断のできる理性と感性を養って貰いたい。よいものをよいと言えるのは意外と簡単ではない。よいものが分かる見識と自分の判断に責任の持てる自信が必要である。

第6章
分子の形や化学結合を見る

これまでの話の中で「原子同士はこのように共有結合している」、「実は平面でなくこのように立体的である」、「電子は限りなく広く分布したがっているので、このようになるはずだ」等々と述べてきた。そしてその度に「実験による」という言葉を添えてきた。しかし、いったいどういう方法でこれらの化学結合についての知見は実験的に証明できるかについて、まったく具体的に触れなかった。不思議なことに高等学校の教科書でも、どのような実験手段で分子の形を求めるかについてはほとんど触れていない。

分子の形や性質を調べることは化学の重要な使命の１つである。いろいろな方法が考え出され、現実にもさまざまな方法が使われている。ここでは分子の構造、特に立体構造を詳しく調べる手段である「X線結晶解析」という方法と、電子の様子を詳しく知るための方法である「分子軌道法」という計算手法について簡単に説明することにする。両方とも高等学校では習わないが、化学の前線で現在もっとも多用されている方法の代表であり、知っておいて損はない。

6－1 原子を見るためには

原子は非常に小さいものである。C―C単結合の長さは約1.5Åである。1Åは10^{-10}mなので、化学結合の距離が極めて短いことが分かるだろう。さて、こんなに短い距離をどうやって測るのだろうか。

私たちが物の大きさを測ることを考える。机の上にある物の大きさを測るには、せいぜい巻き尺か物差しで充分である。しかし1mm以下の物を測るとなると少し厄介である。1/10mm程度ならノギスが使えるが、それより小さい物は普通の家庭にある道具では測れない。これでもまだ10^{-3}から10^{-4}mの世界である。ルーペを使って拡大しても1/20mmくらいがせいぜいである。光学顕微鏡を使えればさらに小さな物が見えて、その大きさを測ることができる。かなり高級な光学顕微鏡でも1500倍以上の倍率のものは多くない。光学顕微鏡でどこまで小さい物が見えるのだろう。マイクロメータというものを使うと光学顕微鏡で見える世界の大きさを測れる。しかしせいぜい頑張って1μm（マイクロメートル）、つまり10^{-6}mまでの物しか測れない。

レンズをもっとよくして倍率を上げれば見える気がするが、それができない。光学顕微鏡では、可視光の波長より短いものは原理的に見えないのだ。光は波の性質を持っており、**図6-1**での山から山までの距離（波長）が可視光線の場合はだいたい3800～7800Åである。観測に用いる光線の波長が物の大きさを判断できる最小の目盛りと考えると理解しやすい。波長が1目盛りというわけである。

1μm（10^{-6}m）の物体は5000Å（5×10^{-7}m）の可視光線で測れば2目盛りになる。だからこの光線を使えばこの物体は見ることができる。波長が20,000Åの光線は赤外線に属するが、もちろん赤外線ではこの物体は見えない。cmの単位までしか目盛っていない物差しではmm単位の物が測定できないことと同じである。つまり、どんな高価

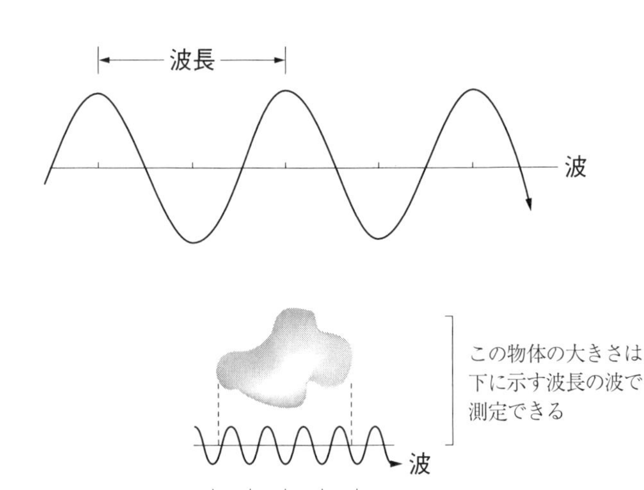

図6-1

なレンズを使おうと、可視光線で物を見る場合、3800Å つまり0.38μm以下の物は見ようにも見えないわけである。

それでは私たちはどうすればよいのか。可視光線より短い光を使えばよいのだ。**図6-2**におもな電磁波の波長を示した。この図からわかるように私たちが可視光線、紫外線などと区別しているものはすべて電磁波で、それらの違いは単に波長の長さだけである。それでは1Å程度のものを見るにはどのような電磁波を使えばよいかを図6-2で見てみよう。

C—C単結合の長さが1.5Åであることを考えると、X線ならよさそうである。X線は私たちの病気やけがを診断する上でなくてはならないものであるが、その波長の長さ

C—C単結合　1.5Å＝1.5×10^{-10}m

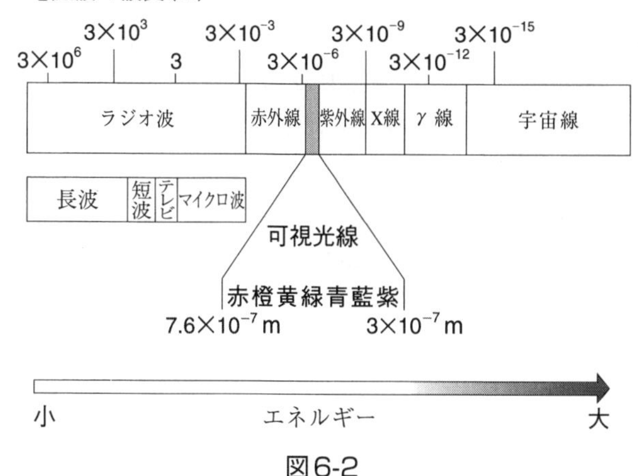

図6-2

からするとちょうど原子や分子の大きさを測るのにも都合がよい。色という概念は可視光線を用いる場合にのみ成り立つもので、X線の領域の電磁波は当然色を持たないし、私たちには当然見えない。ついでに言っておくと、赤外線、紫外線そしてX線などは、図6-2でわかるように、ある範囲の波長の電磁波に付けられた名前であり、その境界をきちんと決めることはできない。非常に短い波長の紫外線と波長の長いX線は同じものになる。

6-2　X線を使って分子を見る

X線は私たちの体内を通過できるが骨はとおりにくく、

臓器や病変した部分によって透過の程度が異なる。それを利用して診断に使う。基本的にX線は物をよく透過し、顕微鏡に使う光学レンズも、通過してしまう。つまりX線はレンズによって曲げることができないので、レンズによって集光もされず、像を拡大することができない。X線は原子の距離を測るのに最適の波長を持っているが、像を拡大できないのであれば残念ながらまったく意味がない。

X線を物体に当てると、光と同じようにX線は散乱する。X線が発見されて（1895年）まもなく、塩化ナトリウムのような結晶にX線を当てると、散乱X線が特徴的なパターンを示すことが分かった。結晶の中で分子がきちんと配列しているほど、その特徴は明瞭に現れる。そうした特徴的なパターンの１つを図6-3に示す。この図は結晶にX線を照射して、散乱するX線をX線検出器上に記録したものである。結晶でない物質にX線を照射すると、

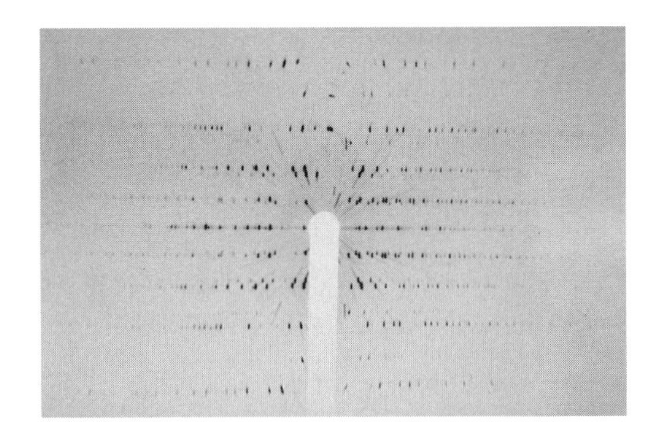

図6-3

検出器の中央部が図6-4(a) のようにぼんやりとした影のように露光する。それに対して結晶にX線を照射すると、整然と並んだ斑点が記録される (b)。

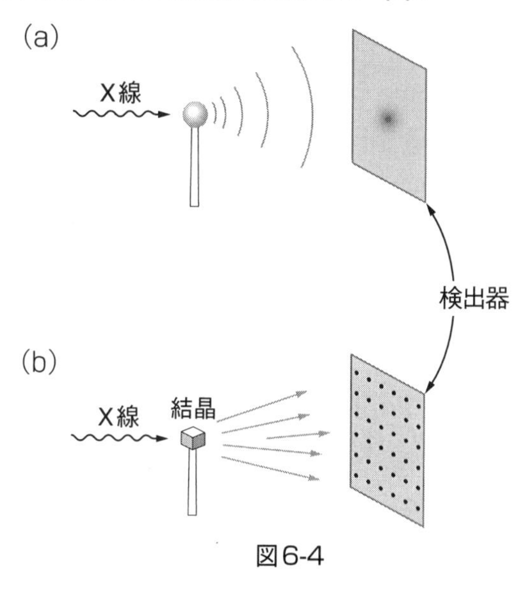

図6-4

結晶の中では無数と言える数の分子が整然と並んでいて、それらの分子の3次元的な構造に関する情報がこれらの斑点に集約されている。分子1つ1つからの情報は非常に弱いが、3次元的に規則的に配列した分子が無数にあるため、重ね合わせた情報は強まり、強いX線となって斑点になる。しかし結晶になっていない物質中では分子はでたらめに並んでいるので、分子構造の情報が互いに強め合うこともない。したがってこれといった特徴のないパターンを与えるに過ぎない。

図6-4(b) のような斑点は、なにが原因でできるのだろうか。図6-5のように、静かな池に小石を投げ入れるとし

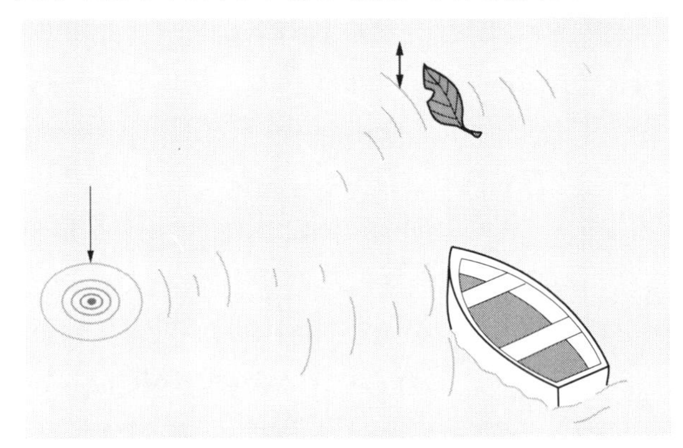

図6-5

よう。池の上には、木の葉１枚とボート１隻が浮いているとする。投げ入れた石を中心に池の上に波が立つ。波が木の葉のところまで来ると、いままで静かにしていた木の葉がこの波で揺られ、木の葉を通って波はさらに先の方に進む。これに対して、木の葉と比べて圧倒的に質量が大きいボートは小石を投げて作った波程度ではびくともしないし、波もその先には伝わらない。

原子は原子核と電子からできていて、原子核は電子より圧倒的に重い。X線を原子に当てると、この池の上の状況と同じことが起こる。原子核はX線が当たってもびくともしないが、電子は大揺れに揺れる。電子が揺れると、水面の波のように、X線はその先の方にも伝わっていく。したがって、私たちが、X線の発生源（石を投げ込んだとこ

ろ）から離れたところでX線を観測すると、伝わってくるX線はほとんどが電子からのもの、ということになる。つまり図6-3や6-4(b) の斑点は分子の中の電子によって作られる。別の言い方をすれば、これらの斑点に含まれるメッセージは、この本の主役である電子からのメッセージである。

１つ１つの分子は小さく、その中の電子からのメッセージはとてもか細く聞き取れるものではない。しかし分子を星の数ほど集めた結晶なら、電子からのメッセージをはっきり聞き取れるというわけである。遠い星からのメッセージを知るために、私たちは大きな反射望遠鏡を使い、かつ超高感度のフィルム上でメッセージを増幅する。小さく小さくささやく声が、やがて厳かなメッセージに変換される。結晶になった分子からの散乱X線を観測し、解読することはこれとまったく同じことである。

水晶球で未来を占うように、昔から結晶は不思議な力を持つと信じられていた。現在では、キラキラ輝く結晶は分子のささやき、そして電子からのメッセージを私たちに見せてくれる立派な水晶球である。しかしこれは魔術でもなんでもない、立派な科学である。

図6-3の斑点は、そのままでは正体不明の暗号である。この暗号をどのように解釈すれば「電子からのメッセージ」を聞き取れるのか。物理学者がそれにチャレンジした。古代文字を解読するのに役に立った「ロゼッタストーン」を探すのと同じである。ただ、物理学では石碑の代わりに法則を発見しなければならない。その結果、奇しくも

ある数学者がすでに導いていた方程式でこのメッセージは解読することができることが分かった。

その方程式とは「フーリエ変換」と呼ばれるものである。この式を用いることで、原子の世界からのメッセージはすべて原理的には解き明かされる。つまり、科学者は「分子を結晶にして、それにX線をあて、結晶からの情報を集約した斑点を記録し、それらをフーリエ変換する」ことで、分子の姿を捉え、そして電子からのメッセージを聞き取ることができる。これはとりも直さず、分子を拡大して見たことに相当する。ただし記録すべき斑点の数が膨大であるために、それらを測定し計算するためにはコンピュータが必須になる。

X線を用いて結晶になった分子の構造を求める方法を「X線結晶解析」略して「X線解析」という。つまり光学顕微鏡ではレンズを使って像を拡大するが、X線解析ではコンピュータを使って像を拡大する（図6-6）。

コンピュータの性能が著しく低かった時代には、X線解析は実にたいへんな作業であった。著者が学生の頃は、分子量が300程度の比較的小さな分子の構造を求めるにもおおよそ1年の時間がかかった。今ではその程度のものであれば、たいていは数日で済んでしまう。だからと言って、今の方がよいわけでもない。

コンピュータが遅く、かつ複数の人が順番待ちで使っていた時代は、よいこともたくさんあった。ごく優等生的な表現をすれば「計算の内容をじっくり吟味できたし、研究テーマについて深く考える時間がたくさんあった」であ

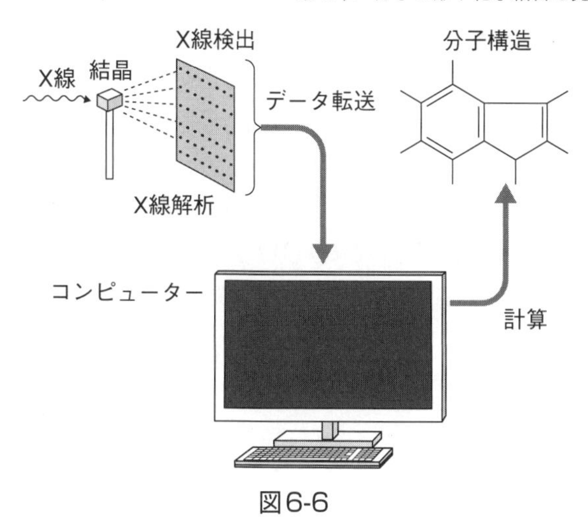

図6-6

り、そうでない言い方をすれば「どうせ時間がかかるのでそれは放っておいて、研究室仲間とだべったり、昼寝したり、ソフトボールをやったり、皆でビワを摘んできてビワ酒を作ったりできた」ということになる。正直に言うと、その両面からむしろよかったと思う。今はなんにしてもすべてが速すぎて、場合によってはトイレに行く暇もなくなってしまう。笑い話のように聞こえるかもしれないが、科学に携わる人間がどういう雰囲気で仕事をできるかは極めて重要な問題である。最近ではあまりにテンポが速すぎ、かつ皆がヒステリックにある特定の研究テーマに群がる。短期間でみれば成果があがっているように見えても、なにか重要で本質的なものを今の科学は失いつつあるように私には思えてならない。

　いずれにしても、私たちは懸案の原子同士のつながりを、X線解析を用いれば厳密に知ることができる。実は、分子の中での原子のつながりを求める実験手段は他にもある。例えば、核磁気共鳴（NMR）スペクトル、赤外線吸収（IR）スペクトルなどなどである。しかし、すべての原子同士のつながりをきちんと求めることができる方法としてはX線解析が今のところ最も強力である。

さて、X線散乱はおもに電子によって起こるので、X線解析で求められるのは分子内の電子の分布である。図6-7

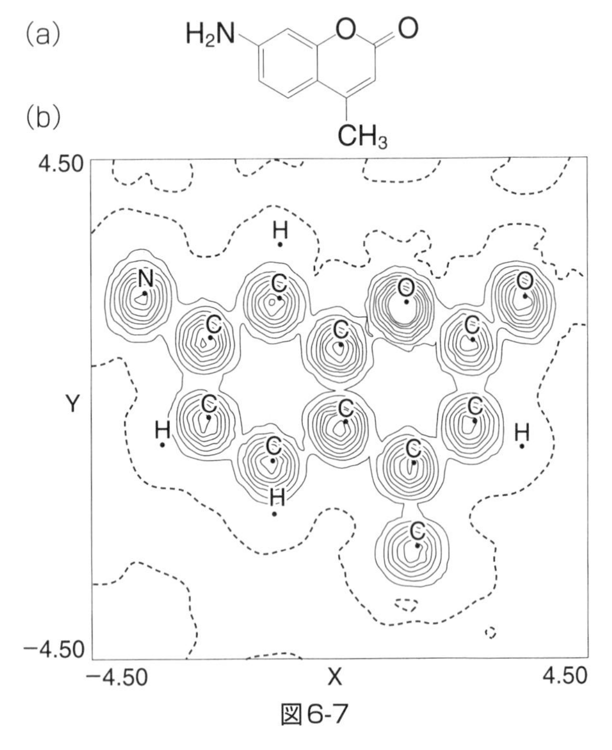

図6-7

(a) の分子のX線解析で得られる分子の像は、(a) のような構造式ではもちろんなく、(b) のような電子の密度分布である。(b) は分子の中でどの部分に電子が多く分布するかを、電子の密度で示している。

電子の動きを平均化してみた時、その行動パターンは電子密度分布に反映する。電子密度は等高線で表すと理解しやすい。同じ電子密度の点を線で結ぶと、ちょうど地図の等高線と同じものが得られる。(b) もそのように表してある。山の頂上にたいてい原子核の位置があるので、等高線の頂上を結ぶと (a) の構造式が得られる。原子番号の大きい原子は電子をたくさん持っているので、山の高さは高くなる。(b) の図でO原子に対応する山は高いことが分かるであろう。

電子は各原子の上だけではなく、原子と原子の間にもきちんと分布していることも、この図は示している。つまりX線解析で分子内の電子の分布を求めることができ、電子の密度のピークを結ぶことにより原子と原子の立体的なつながりが求められるということだ。化学結合を考える上で重要な電子の分布に関する情報を与えることができるので、X線解析の結果は単に分子の構造だけでなく、化学反応性について考える上でも重要である。

X線解析で得られる分子の構造に関する知識は、現代の化学、生物化学、薬学などの基礎になっている。軌道の混成などの化学結合に関する重要な概念もX線解析によって得られた現実の分子構造によって確認されている。X線解析では分子の立体構造を正確に知ることができるので、分子の立体的な特徴を知るためにはその分子のX線解析をまず行う必要がある。図6-7（176ページ）に示す分子のX線解析は私の研究室で行われたものである。

6-3 コンピュータで電子の挙動を探る

20世紀の中頃までに、量子力学という原子や分子の世界で成り立つ物理学が確立した。いろいろと微妙な問題が残っているが、コンピュータの長足の進歩のおかげで、この物理学を基に、分子の中の電子の挙動そして化学結合について計算で求めることができるようになった。

X線解析は分子の構造を求める最もよい実験手法であるが、分子が規則的に並んで結晶になることがこの方法を使う上での条件である。しかしどんな分子でも結晶になるとは限らない。特に反応の中間状態にごく短期間だけ存在する不安定な分子については、お手上げである。

そうした分子についても量子力学の原理に基づいて計算すれば、分子の特徴や電子の状態をシミュレーションできる。コンピュータを用いて行う化学のことを最近では*in silico*化学とも言う。この呼び方は、コンピュータのCPUがシリコンで作られていることに由来する。量子力学に基づく*in silico*シミュレーションは現実的に行う実験に匹敵し、その結果は実際に工業的な応用に使えるほど正確である。

しばらく前までは、この種のシミュレーションは、特に日本の化学者の間ではあまり重要視されていなかった（先のフラーレンの場合もそうであるが)。役に立つことが少なかったことも原因の1つであるが、日本の化学者が（というより日本人が）比較的保守的であることもその遠因であろう。

最近では、事情は少し変わってきている。なににも増して企業の研究室でどんどんシミュレーションが行われ、成

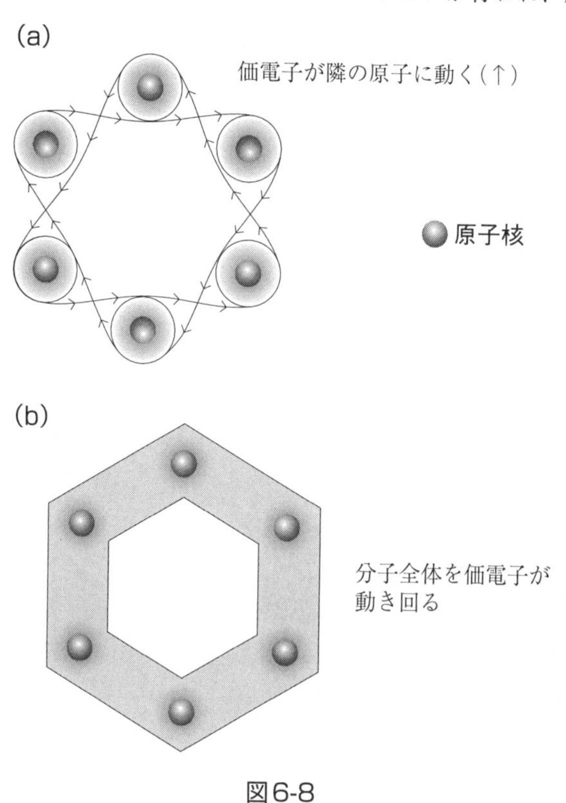
(a)
価電子が隣の原子に動く(↑)
原子核
(b)
分子全体を価電子が
動き回る

図6-8

果が上がっている。科学を行っていく上で実験と理論は必須の両輪であり、どちらが欠けても前には進めない。理論化学で非常に貢献している科学者がまだ冷遇されているのが日本である。

電子の話にもどる。電子は本質的に動きやすいものである。しかし共有結合のところでは、1つの電子は特定の原子あるいは原子間の結合、せいぜいベンゼン環の中を動いていると考えた。つまり基本的には電子は各原子に所属して、そこから電子がお遊びで他の原子の領域まで進出すると考えてきたわけである（図6-8(a)）。

このような説明をすると、いろいろな結合の性質や分子の性質がよく理解できるし、X線解析などの実験によって得られるいろいろな事実も説明できる。しかしもっと電子の本性をとり入れ、電子はいま分子全体に行き渡りたがっていると考えることもできる。つまり各原子の価電子は基本的に分子全体に行き渡るが、もともと所属していた原子にいることが多いと考えるわけである（b)。その方が電子の本性から考えても、自然だ。

しかし、1つの電子をどうやって分子全体に行き渡らせればよいのだろうか。むろんあそこに0.2個で、そこに0.3個、そしてここに0.5個というわけにはいかない。その代わり、行き渡る確率というもので考えることにする。つまりあくまで1個で数えるが、それが分布する割合が10％とか20％とかという具合である。そう考えてみると、各電子がすべての原子の上にある確率を考えることができる。もともと所属していた原子上にいる確率はもちろ

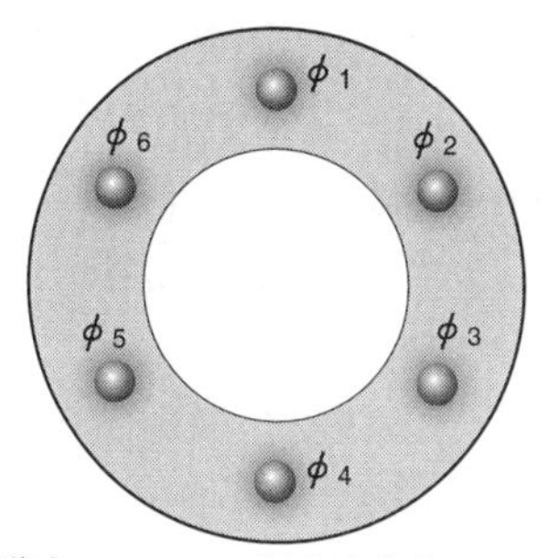

原子軌道をϕ_1〜ϕ_6、分子軌道をψとすると
$\psi = c_1\phi_1 + c_2\phi_2 + c_3\phi_3 + c_4\phi_4 + c_5\phi_5 + c_6\phi_6$
と表現できる

図6-9

ん高く、いくら自由奔放な電子といえども、そこまでは行くまいというところの確率はゼロに近くなるだろう。遊び好きの電子の立ち寄り先とそこにどの程度長居するかを求めるようなものである。

ここで、ひとつの電子が分子中にどのように分布するかを、ψ（プサイ）というギリシア文字で表す。また各原子に属する電子の分布の状態を、ϕ（ファイ）というギリシア文字で表す。図6-9では6個の原子からなる分子を表しているので、ϕはϕ_1、ϕ_2、ϕ_3、ϕ_4、ϕ_5およびϕ_6である。ϕ_1〜ϕ_6に電子のある確率を各々c_1〜c_6で表す。分子全体にはその電子は1個しかないので、すべての確率を合わせると1にならなければならない。このような条件でϕを定義すると、分子全体を動き回るこの電子の分布は$\psi = c_1\phi_1 + c_2\phi_2 + c_3\phi_3 + c_4\phi_4 + c_5\phi_5 + c_6\phi_6$となる。実に簡単だろう。

ϕは価電子のあるs軌道やp軌道を数学的に表現したも

ので、各原子に所属することから原子軌道と呼ばれる。これに対し、ψは分子全体にわたる電子の分布を数学的に表すので、分子軌道と呼ばれる。分子軌道とは「分子の中を電子が回る軌道」である。ふらふら歩き回る電子の挙動を表す上で、分子軌道は実に便利な考え方である。

分子軌道を計算で求める方法を分子軌道法という。分子軌道法で計算すると分子の中のどこにどのように電子が分布するかが求められる。分子軌道法を使うには、量子力学というやや難解な物理学を理解する必要があり、以前はごく特別な人たちしか計算を実行できなかった。しかし今では便利なプログラムがあり、コンピュータが劇的に速くなったために、誰でも気軽に分子軌道法の計算を行うことができる。

分子軌道法ではあくまで計算で電子の性質（つまり分子の性質）を求めるので、実験は必要ないし、ましてやその分子が実際に現存してなくてもよい。架空の分子であっても、その性質を予想できる。したがって今では多くの企業で、新しい物質を作る前に分子軌道法でその性質を予想し、その物質を作るべきかどうかの判断を行っている。分子軌道法などの計算法を用いて分子や物質の性質を予測することは、いわば*in silico*実験であり、現在の精度でも充分に実用になることから産業界では広く使われるようになっている。

図6-10には、分子軌道法で求めた数種の分子中の電子分布を示した。水やアンモニア分子では、非共有電子対がH原子とは反対側に突き出ていることが分かる。またベン

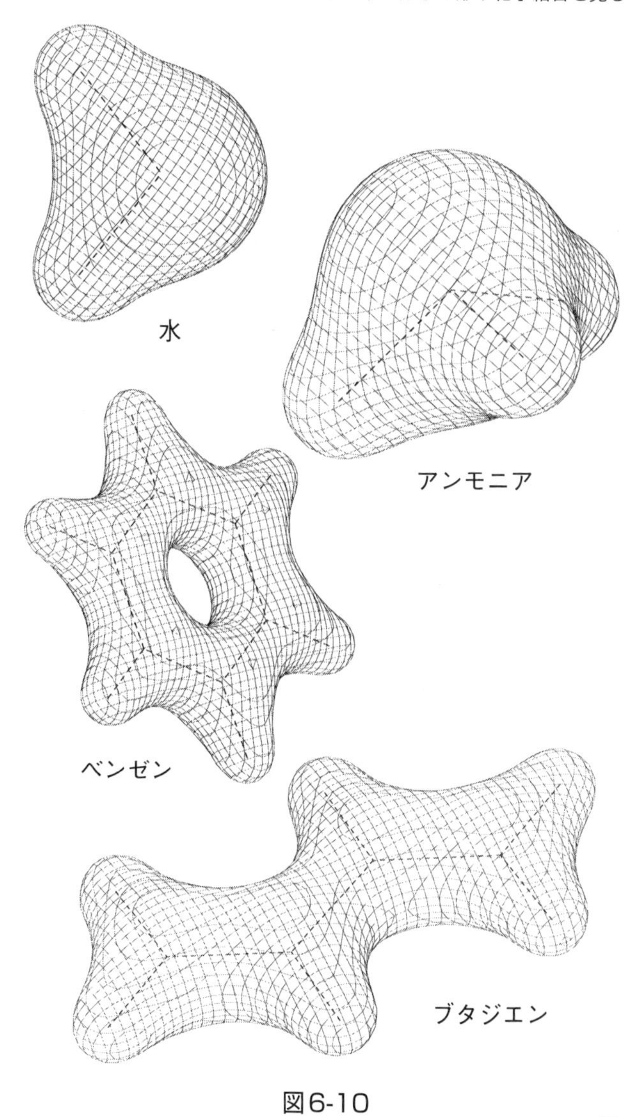

図6-10

ゼンやブタジエンではすべての原子に等しく電子が分布し、かつC—C結合間にも等しく電子が分布していることが分かるであろう。これらは分子軌道法という計算で求められたものであるが、計算が非常に正確に行われているので実際の電子の分布に限りなく近い像である。コンピュータの性能が非常に高くなっている現在では、たいていの分子についてこの計算を行うことができる。最近では何万個という原子からなるタンパク質でさえもこの方法で計算できるようになっている。コンピュータがもっと進歩すれば、遠からず*in silico*実験は実際の実験の一部に置き換わる方法になるだろう。

分子軌道法によると原子間にできる化学結合は、各原子からの電子が分子全体である程度共有されてできたものと考えることができる。もし原子の立体的な配置に問題があると、この分子全体に流れる電子に大きな偏りができてし

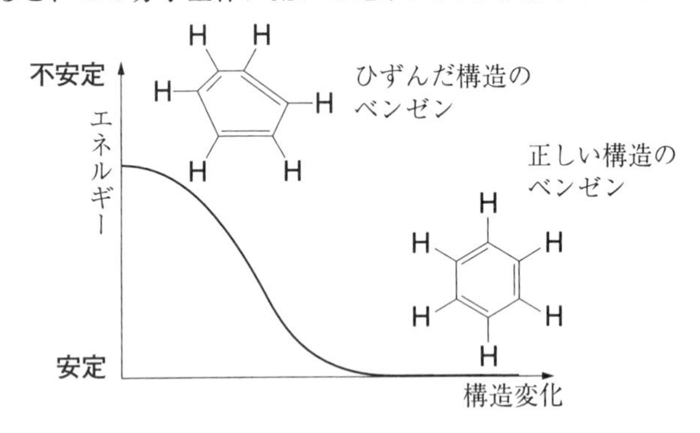

図6-11

まう。別の言い方をすれば、非常に不安定な電子の分布になる。

安定か不安定かを表す尺度として、これまでもエネルギーを使ってきた。安定なものほど、持っているエネルギーが少ない。そこで結局のところ、電子が与えられた分子の中で安定に分布すると、分子全体について計算したエネルギーが小さくなる。つまり安定した分子構造が求められるはずである。

この原則にしたがえば、分子中の原子の立体的な配置に多少問題がある場合には各原子の配置を少しずつずらして、最もエネルギーが小さくなるところを見つければよい。ちょうど地図の上で等高線を頼りに、もっとも標高の低い谷を探すことに似ている。**図6-11**ではこの原則にしたがってわざとひずませたベンゼン分子を正しい（安定な）ベンゼン分子にする様子を示した。このことは分子軌道法を用いれば、その分子がとるべき最適な立体構造が求められることも示し、化学への応用を考える上で非常に大きな意味を持つ。電子の分布が立体構造を決めるのだから、最適な電子分布を求める分子軌道法により、最適な立体構造が求められるのは本来、格別に不思議なことではない。

第７章
電子の動きで化学反応を理解する

これまでの章では、分子が成り立つためにはどのような力が働いているか、また化学結合や原子間の相互作用でどのような形の分子ができ上がるかを見てきた。

化学の妙味のひとつに、自由に新しい分子を作れるということがある。分子の中の化学結合が切れたり、分子内や分子間で新しい結合ができ上がることが化学反応である。化学反応と聞くと、実験室のガラス器具の中でなにやら怪しげな色で泡立つフラスコを思い浮かべる人が多いと思うが、私たちの体の中で時々刻々起こっている生命現象のすべてが化学反応によって支えられている。考えることも、見ることも、聞くことも、話すことも、なんでもかんでも実は化学反応であると言ってもよい。生命活動とは、高度に組織化された化学反応の結果とも言える。

化学反応は「電子が関与する化学結合の切断や生成」であるので、電子それも価電子の挙動を理解すれば、自ずとその仕組みが分かる。今では、大学で使う有機化学の教科書ではたいていこの電子の挙動に基づいて化学反応を説明しているが、残念ながら高等学校の教科書ではあまり触れられていない。したがって、種々の化学反応は理屈なしにすべて丸暗記しなくてはならないという強迫観念に陥ってしまう。化学は暗記物であると答える学生がけっこう多いのは、紛れもない事実である。これが嫌で化学嫌いになる人が少なくない。

有機化学の（化学全体の）基礎研究が進むにつれて、多様な化学反応もいくつかの基本原理で理解できることが分かってきている。それらを理解すれば、無味乾燥と見える化学反応の裏に生き生きとしたストーリーが見えてくる。主役はもちろん電子である。いくつかのストーリーをこの章では追ってみようと思う。化学は暗記物と信じていた人の化学への見方が変わったら幸いである。目からウロコなら言うことはない。さらに、無味乾燥だが仕方がないと言いながら化学の勉強をしている受験生は、ここで頭の体操をして欲しい。その後で教科書に戻って改めて化学式を見たとき、その見方が絶対に変わるはずである。ちょうど、いままで静止していた写真が動き出すような気分と言えばよいだろうか。

7－1　非共有電子対よりラジカルな電子

ところで分子の間にできた結合を切断するにはいろいろな方法がある。１つは熱による切断である。温度を高くしてやると物は燃える。C原子とH原子からなる有機化合物であれば、よく燃やしてやると最終的に水と二酸化炭素になる。

もう１つの方法は光による切断である。私たちの身近にある太陽の光の中にも分子を分解できる紫外線が含まれている。

光は波長が短くなるほどエネルギーが高くなる。紫外線の波長は可視光線より短く、このエネルギーをぶつけられると弱い共有結合は切れてしまう。太陽から放射される紫外線そのものは非常に強いが、幸い地球の外側にはオゾン層があり、有害な紫外線の大部分をカットしてくれるので

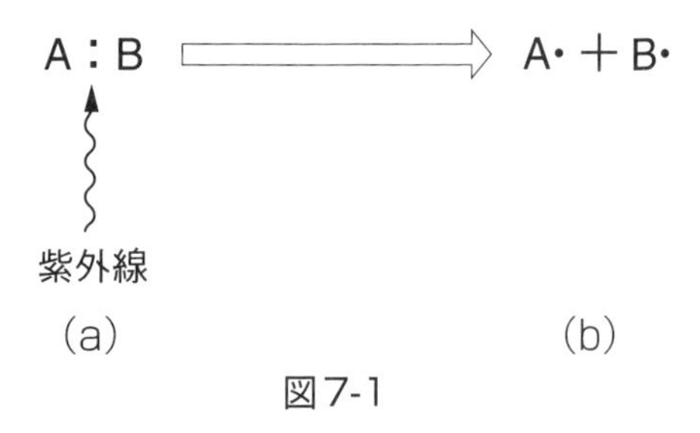

図7-1

私たちはのんびり日光浴ができる。

それでは紫外線による分子の分解とはどういうことなのだろうか。図7-1(a) のように共有結合している2つの原子を考える。AとBの原子の間では価電子が共有され、しっかり結合している。そこに紫外線の強いエネルギーを与えると、AとBの共有電子対は真っ二つに切断され、(b) のようにAとB原子に1個ずつ電子が残った状態になる。電子はこれまでの話から分かるように、他の電子と結びつく性質を強く持っている。非共有電子対のように対になれば少しは落ち着くが、それでも機会があればその電子は他の電子の方に流れていこうとしている。

ところが紫外線によって電子1個ずつがAとBの原子に分かれてしまうと、この1個の状態になった電子が極めて活動的になることは、これまでの説明からも分かると思う。活動的というより、むしろ貪欲であり、暴力的ですらある。この電子はその落ち着く場所を見つけるために、近くに来る原子や分子を見境なく攻撃してしまう。

A・やB・のように、対になっていない電子（不対電子）を持つ原子や分子をフリー・ラジカルあるいは簡単にラジカルと呼ぶ。ラジカルに対応する日本語は遊離基であるが、なんとなくおとなしい感じがして、〝ラジカル〟な雰囲気が伝わって来ないので、ここではラジカルを使う。ラジカルができて進む反応のことをラジカル反応と言うが、たいていは紫外線のように強いエネルギーをまず当てることから反応は開始される。

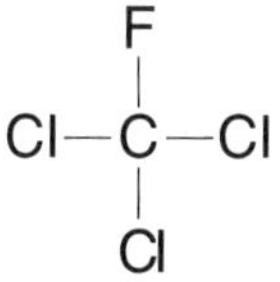

$$\mathrm{Cl{-}C(F)(Cl){-}Cl}$$

図7-2

$$CCl_3F \xrightarrow{\text{紫外線}} \cdot CCl_2F + \cdot Cl$$

$$\cdot Cl + O_3 \longrightarrow O_2 + ClO\cdot$$

図7-3

CFC-11と呼ばれる特定フロンは、図7-2のような化学構造をしている。メタン分子の3つのH原子がCl原子に、1つのH原子がF原子に置き換わった分子である。このフロンは以前、冷蔵庫やエアコンに大量に使われた冷媒である。この冷媒の沸点は24℃程度で、地上ではたいていは気体になってしまう。この分子は徐々に空気中を上昇し、遂には地表から約15～50kmにある成層圏というところに達する。宇宙空間と地球の境界である。この成層圏には高濃度のオゾン（O_3）があり、このオゾンが太陽からの紫外線の大部分を吸収してくれるので、先ほど述べたように地表には強い紫外線は降り注がない。成層圏まで達したCFC-11分子は太陽からの強烈な紫外線に曝されることになる。

C原子とF原子の間の共有結合は非常に丈夫だが、C原子とCl原子の間の結合は紫外線によって切断され易く、図7-3に示すようにこの結合は切れ、Cl・ラジカルができる。ラジカルは反応性が高く、Cl・ラジカルの不対電子は成層圏にたくさんあるオゾン分子にすぐさまちょっかいを出す。Cl原子上の不対電子がこの時できた別の不対電子といっしょになり対になって落ち着けばよいが、大気の薄い成層圏では不対電子同士がめぐり合う確率は低い。したがって、ClO・ラジカルになってもさらに周りのO_3をO_2に変えながら、長い間ラジカルであり続ける。Cl・ラジカル1個で1万個のオゾン分子を破壊すると言われている。

大気の量に比較して放出されるフロンの量は高が知れていると考えた学者も当初いたが、彼らはラジカルを介したこのネズミ算的な反応の拡大を予測していなかった。残念ながらオゾン層はこうしてCFC-11のようなフロンによって破壊されてしまう。実はオゾンもやはり紫外線によって酸素分子から作られ、成層圏での再生産も行われるが、そのスピードはCFC-11などのフロンによる破壊よりはるかに遅く、いわゆるオゾン・ホールができてしまう。

オゾン層がなくなると強烈な紫外線が地上に降り注ぎ、私たちの体の中で、このラジカルがどんどんできてしまう。ラジカルの攻撃によって生命活動に重要な分子の機能が麻痺し、最終的にその機能は停止することになる。

CFC-11では、塩素原子が紫外線でラジカルになったことが原因であった。例えばHFC-134aと呼ばれる分子（図7-4）はCl原子を含まず、紫外線によってもラジカルができにくいので、代替フロンとして使われている。しかしこの冷媒も地球環境への影響がゼロであるという証明はない。いずれにしても、木来空気中になかったものを空気中に放出することはなんらかの問題につながる可能性を秘めている。とりあえずはきちんと回収することが大事だろう。

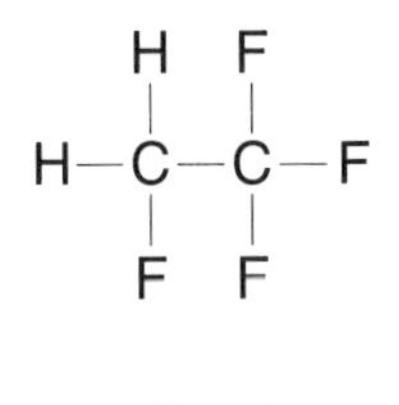

図7-4

環境の問題から、実験室の化学に戻る。図7-5に示す、メタン分子のH原子をCl原子に置き換える反応は、実は上に述べたラジカルを経て起こる。C原子とH原子の共有結合は強く、そのままでは切れない。しかし塩素分子Cl_2のCl原子間の結合は切れやすく、すこし紫外線を当てると容易にCl·ラジカルになる。価電子７のClはもともとマイナスになりたいので、それが２つくっついてCl_2分子になっているのはお義理で同居しているようなもので、紫外線が少しあおるとさっさと別れてしまう。でき上がったCl·ラジカルはオゾン層も破壊する文字どおりのラジカルである。

高等学校の教科書では（a）のように淡々と記述されているが、実は（b）のようなことが起こっている。このように、ラジカルがラジカルを作り、そのラジカルが次のラジカルを作り、最終的にCCl_4になるまで反応は進む。反応の途中で見れば、図7-5(b) にあるすべての化合物が共存することになる。

このようにラジカル反応はいったん起こると、制御しに

(a) $CH_4 + Cl_2 \longrightarrow CH_3Cl + HCl$

$CH_3Cl + Cl_2 \longrightarrow CH_2Cl_2 + HCl$

$CH_2Cl_2 + Cl_2 \longrightarrow CHCl_3 + HCl$

$CHCl_3 + Cl_2 \longrightarrow CCl_4 + HCl$

(b) $Cl{-}Cl \xrightarrow{\text{紫外線}} Cl\cdot + Cl\cdot$

$H_3C{-}H + Cl\cdot \longrightarrow H_3C\cdot + HCl$

$H_3C\cdot + Cl{-}Cl \longrightarrow H_3ClC + Cl\cdot$

$H_3ClC + Cl\cdot \longrightarrow H_2ClC\cdot + HCl$

$H_2ClC\cdot + Cl{-}Cl \longrightarrow H_2Cl_2C + Cl\cdot$

$H_2Cl_2C + Cl\cdot \longrightarrow HCl_2C\cdot + HCl$

$HCl_2C\cdot + Cl{-}Cl \longrightarrow HCl_3C + Cl\cdot$

$HCl_3C + Cl\cdot \longrightarrow Cl_3C\cdot + HCl$

$Cl_3C\cdot + Cl\cdot \longrightarrow Cl_4C$

(b)ではC原子がラジカルになるのでそれを示すために$H_3C\cdot$のようにCを化学構造式の右側に示した

H_3ClCはCH_3Cl、H_2Cl_2CはCH_2Cl_2、HCl_3Cは$CHCl_3$、そしてCl_4CはCCl_4とそれぞれまったく同じものである

図7-5

くい。行き着くところまで行ってしまう。人間会社でもそうであるが、一部のラジカル分子によって引き起こされることは、たいてい混沌とした状態を招くだけである。

7-2 エチレンの2重結合を単結合へ

エチレン分子の中で、2つのC原子の間には2重結合があるが、すでに述べたようにその2本の結合は同じものではない。1本はσ結合で、2つのC原子を共有電子対でしっかりと結合する。もう1本はπ結合で、ここには活発に動き回るπ電子がいる。ここでは2重結合の電子の反応の仕方について考えてみる。

図7-6(a) のようにエチレンと塩酸を混ぜる。塩酸のCl原子の電気陰性度はH原子より大きいので、Cl原子にマイナスの電荷が偏る。H原子はもともとプラスの電荷を帯びやすい。つまりHClは$H^{\delta+}Cl^{\delta-}$の状態になっていることが多い。エチレンの2重結合のところにはπ電子が盛んに動き回っていて、プラスの電荷を帯びた原子があったら、その原子と電子の共有をしようと狙っている。このπ電子がHClの$H^{\delta+}$を狙って動く様子を、図(b)-(i) では矢印で示した。カメレオンの舌のように電子は伸び、$H^{\delta+}$を$Cl^{\delta-}$から奪うと、(b)-(ii) で示したようにひとつのC原子がH^{+}のプラス電荷を受けてプラスになる。

もちろんこの状態はC原子にとっては異常な状態である。通常C原子は中性でなければならない。H—Clはもともと共有結合であり、H^{+}は電子を1つClに置いてきて

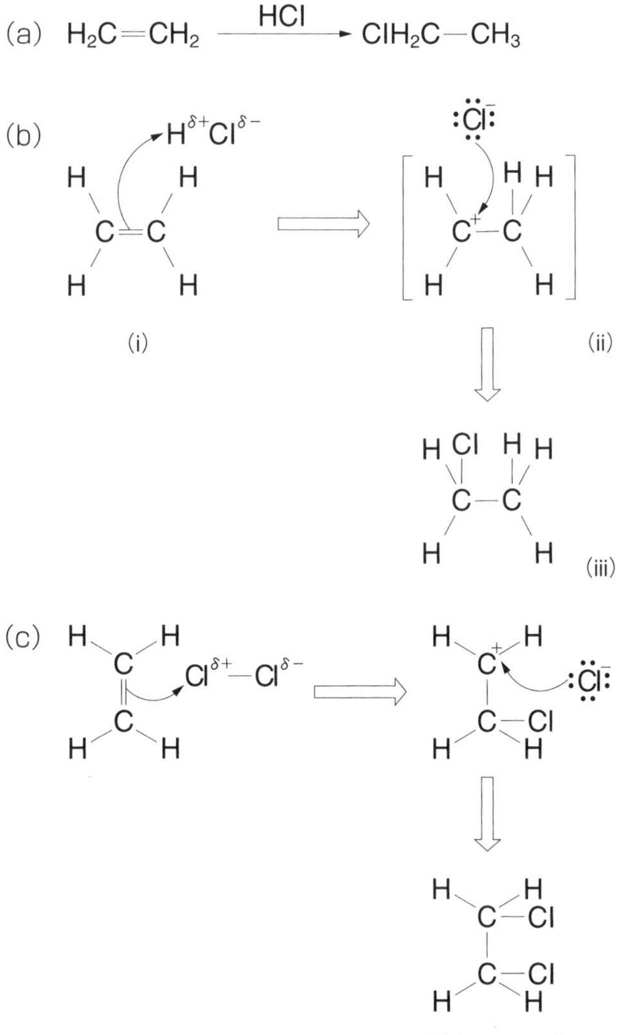

(a) $H_2C{=}CH_2 \xrightarrow{HCl} ClH_2C{-}CH_3$

(b) $H^{\delta+}Cl^{\delta-}$

(i) $H_2C{=}CH_2$ ⟹ (ii) $[H_2C^{+}{-}CH_3]$ + $:\ddot{Cl}:^-$ ⟹ (iii) $ClH_2C{-}CH_3$

(c) $H_2C{=}CH_2$ + $Cl^{\delta+}{-}Cl^{\delta-}$ ⟹ $H_2C^{+}{-}CH_2Cl$ + $:\ddot{Cl}:^-$ ⟹ $ClH_2C{-}CH_2Cl$

1,2−ジクロロエタン

図7-6

いるのでClは$:\ddot{\underset{\cdot\cdot}{\mathrm{Cl}}}:^{-}$になっている。この$:\ddot{\underset{\cdot\cdot}{\mathrm{Cl}}}:^{-}$上の電子は$C^+$になったC原子の方に一気に流れていく。電子の性質をもう一度思い出してみれば当たり前である。この電子がC^+に流れる様子を、やはりこの図では矢印で示した。

最終的に（b)-(iii）のような化合物ができ上がる。(ii)の分子をカッコで囲み、この分子の状態が（i）から(iii）にいく途中でごく中間的に存在することを示した。(ii）はその名も中間体と言われる。たいてい中間体の状態は、目にも止まらぬ速さでとおりすぎていく。したがって、それをひとつの安定な物質として捉えられないことが多い。たまに中間体が充分に長い間その状態でいることがあり、とり出してなるほど中間の形をしている、と確かめることができる。

上の反応で、HClの代わりにCl_2（塩素分子）を使っても、同様の反応が起きる。エチレンの２重結合は自由に動くπ電子を持っており、２重結合付近に電子は密になっている。つまり、ゆるくではあるが$\delta-$に帯電していると言える。その付近に塩素分子が来ると、図の（c）のように２重結合に近い方のClの方が$\delta+$を帯びる。そして両者が引きつけ合い、ある程度の距離まで近づくと、π電子は$\delta+$になったClを攻撃する。後はHClの場合と同じようにして最終的に1,2-ジクロロエタンになる。

ここでひとつの疑問が起こるかもしれない。エチレン分子は少しでもHClのようなものがあったら、どんどんこのように反応してしまうのかという疑問である。それを理解するために少しだけ回り道をしよう。

ある物質ＡとＢが反応してＣになるということは、どういうことなのだろうか。ＡとかＢ、そしてＣと言えるのだから、それらは少なくとも安定に存在しなければならない。つまりＡ、ＢそしてＣという物質をとり出してみることができなければならない。Ａが安定とは、Ａが持っているエネルギーが充分低いということである。最近の日本では栄養が満ち足り過ぎているせいか、年中落ち着きのない人が多いが。

さてＡおよびＢ自身は本来安定であるので、放っておけばＡはＡで、ＢはＢであり続ける。そこで、ＡとＢを反応させるには、ＡとＢを混ぜさらにＡとＢに揺さぶりをかけて、活動的にする必要がある。通常は加熱という操作で、ＡとＢを活動的にすることができる。また加熱するとＡとＢとが衝突する頻度も高くなる。ＡとＢが出会えなければ、ＡとＢとの反応など考えられない。加熱するとは、別の言い方をすれば、ＡとＢのエネルギー（運動エネルギー）を増加することである。止まっている人より歩いている人、歩いている人より走っている人の方が運動エネルギーが高い。このように運動エネルギーが高くなったＡとＢが出会い頭に衝突すると、ＡとＢの間の化学反応が起こることになる。

ＡとＢが合体し、いつでも反応を完了して安定なＣになれる状態を遷移状態と言う（活性錯体とも言う）。エチレンとHClの反応においては遷移状態になるだけのエネルギーを受けると、ひとまず図7-7の（ii）という遷移状態になり、最終的に生成物である安定な（iii）になる。

（iii）の状態が安定な状態でなければ、（i）から（iii）への変化は起こらない。**図7-7**はここまでの説明をグラフで図解したものである。

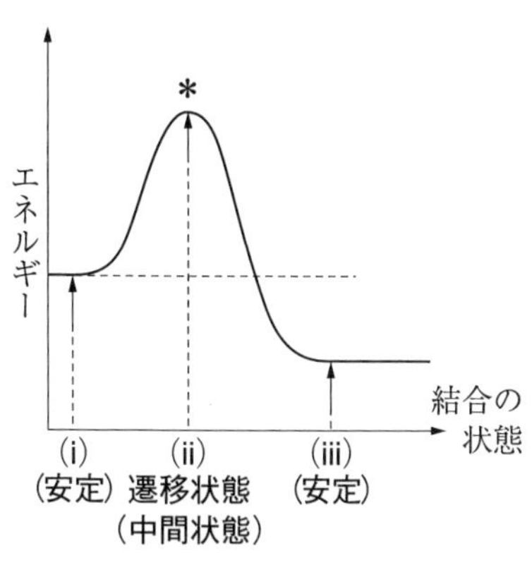

図7-7

遷移状態の数やエネルギーの山の高さなどは化学反応によって異なるが、おおむねこのようなプロセスで化学反応は進む。つまり反応できる要因がなければ、まず話にはならないが、たとえ反応できる可能性のあるものでも、単にそれらを共存させておくだけではなかなか反応は進まない。反応に関与する分子をけしかけて（エネルギーを与えて）分子が反応するように仕向けなければならない。もちろん図7-7の山の高さが充分に低いものは、特にけしかけなくても反応は進む。逆に山の高さが高すぎる場合は、どんなに頑張っても山の向こう側に行けないこともあり得る。

さて、**図7-8**の分子にHClを反応させるとどうなるだろうか。エチレンとHClが反応する場合と同じように考えると、Aコースと Bコースの両方向が考えられる。塩酸からのHを太文字の**H**で表した。異なった２つの反応でできる２つの化合物は、まったく別のものである。それではど

H_3C H
C=C 2−メチルプロペン
H_3C H

Aコース

(i) $H^{\delta+}Cl^{\delta-}$

H_3C H
C=C
H_3C H

(ii) $:\ddot{Cl}:^-$

H_3C **H**
C^+—C—H
H_3C H

(iii)

H_3C Cl **H**
C—C—H
H_3C H

Bコース

(i) $H^{\delta+}Cl^{\delta-}$

H_3C H
C=C
H_3C H

(ii) $:\ddot{Cl}:^-$

H_3C **H** H
C—C^+
H_3C H

(iii)

H_3C **H** Cl
C—C—H
H_3C H

図7-8

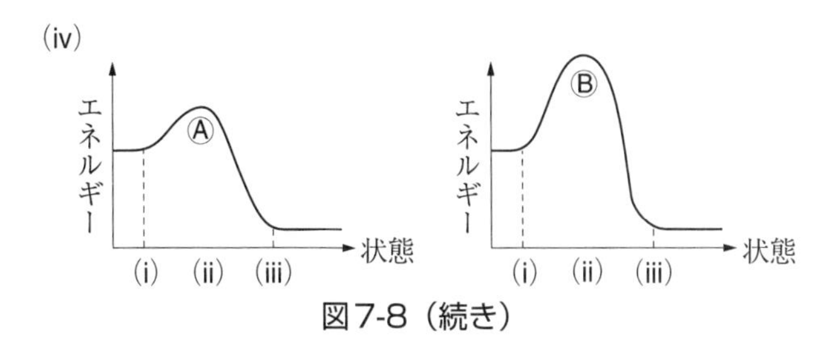

図7-8（続き）

ちらの化合物もできるのだろうか、それとも一方しかできないのだろうか。結論はAコースしかとれない。Bコースの生成物はできない。ではどうしてだろうか。

この反応を進めるためには、必ず（ii）という遷移状態を通らなければならない。つまり、C^+という変な状態がとりあえずの間（Cl^-が衝突してくるまでの間）安定にいなければならない。H原子は電子を1つしか持っておらず、電気陰性度がC原子より小さい。したがってC^+に電子を与えてこの不安定な状態を緩和するということがほとんどできない。それに対してC^+にC原子が結合していれば、そのC原子からの電子は若干C^+に流れ、結果としてC^+が安定になる。このように遷移状態の安定性を考えるとAコースの方がずっと起こりやすくなる。物事はより安定な方を選んで進む。したがってAコースだけが進み、結果としてAコースからの生成物のみができることになる。

（iv）にAとB 2つのコースの反応を図解した。遷移状態のエネルギーがAの方が低いので、ほとんどの反応はA

コースを通る。同じ目的のために意味のない努力をする人はいない。

このように、遷移状態の安定性が反応の進む方向を決めることは少なくない。ついでに付け加えると、C^+の安定性はこれまでの話から当然ではあるが、

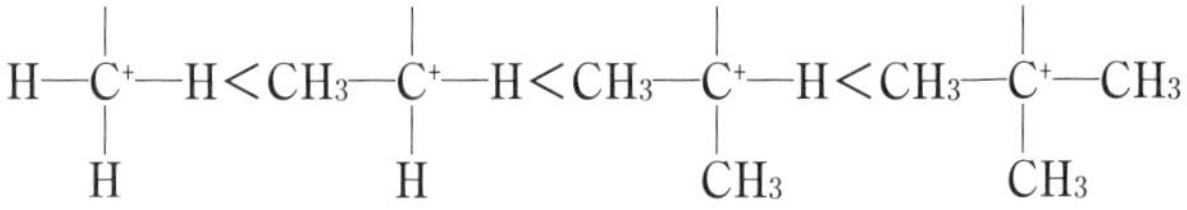

$$H-\overset{|}{\underset{\underset{H}{|}}{C^+}}-H < CH_3-\overset{|}{\underset{\underset{H}{|}}{C^+}}-H < CH_3-\overset{|}{\underset{\underset{CH_3}{|}}{C^+}}-H < CH_3-\overset{|}{\underset{\underset{CH_3}{|}}{C^+}}-CH_3$$

の順になる。

この節で見てきたような反応は、付加反応と呼ばれる。またC^+という変わった状態のC原子をカルボカチオンという。カチオンとは陽イオンのことである。

7-3 アルコール

私たちが普通アルコールと言う時には、エチル・アルコール（エタノール）を指すが、有機化学では、アルコールは分子の特徴を表す一般的な名前で、分子の中にヒドロキシ基（—OH）を持つ分子を意味する。ヒドロキシ基は化学反応性に富むために、化学製品や医薬品の化学合成を行う場合によく用いられる。生物の中でもたくさんの種類の化合物がヒドロキシ基を持っており、重要な化学反応に携わっている。

ヒドロキシ基のように、特徴的な化学的性質を持つ原子団（いくつかの原子が集まって作る分子の一部）は「官能基」と呼ばれる。官能基は英語ではfunctional group（機

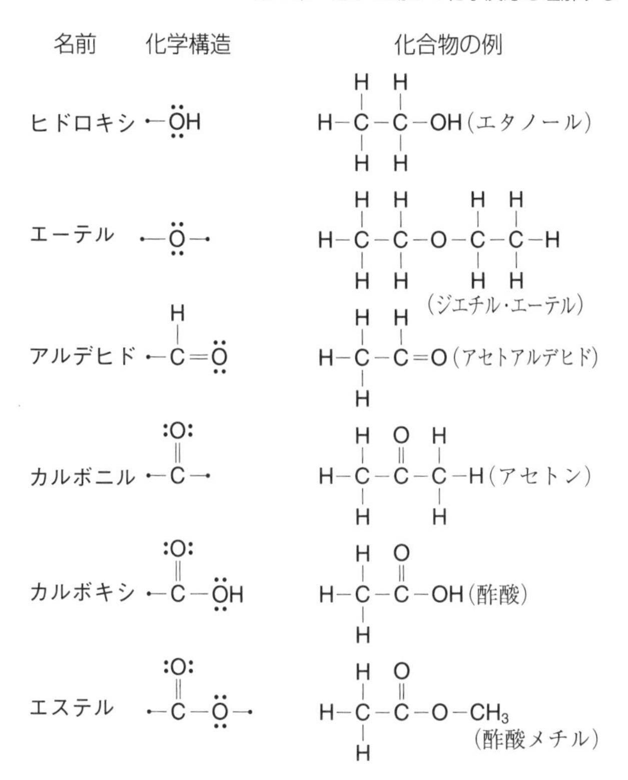

表7-1　酸素原子を含むおもな官能基

能する原子団）であり、英語の方が意味が分かり易い。同じ官能基を持つ分子は、同じような特徴的な性質を示す。

O原子を含む官能基のいくつかを**表7-1**に示す。O原子上の非共有電子対が各々の化学的な特徴を表現する上で重要な役割を果たしていることは言うまでもない。これ以外にNやS原子などを含む官能基もたくさんある。

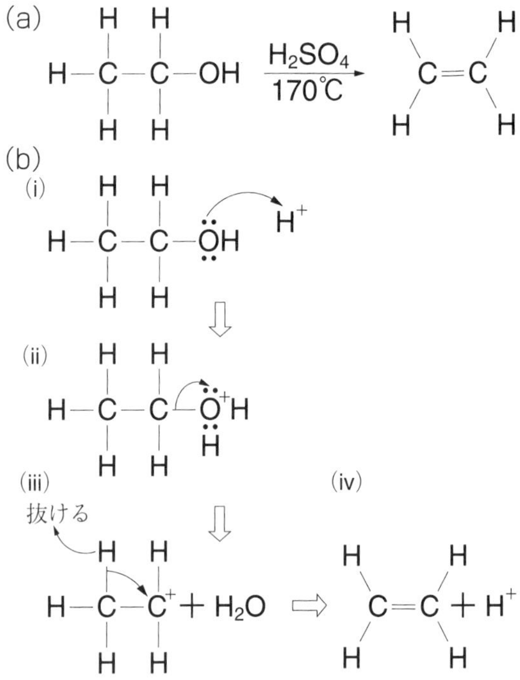

図7-9

アルコールからはいろいろなものが作れる。そのいくつかを見てみよう（図7-9）。エタノールに濃硫酸を加え、170 ℃ほどの温度で加熱するとエチレンになる。この反応は高等学校の教科書では（a）のように簡単に表されているが、実は（b）のようにこの反応でも電子が活躍して反応を進めている。

エタノールのヒドロキシ基のO原子には2対の非共有電子対があり、どこかに移動しようといつも狙っている。

そこに硫酸からのH^+（酸性を示す水素イオン）が近づいてくると、非共有電子対の１つはこれを攻撃し、(ii) のように取り込む。すると結果としてO原子はプラスの電荷を帯びるため、H^+を非共有電子対が取って来たのはよいが若干おさまりが悪い（もちろんO原子は中性である方がよい)。そこで大胆にも、C原子とO原子の間にある電子がO^+の誘いに乗ってO^+の方に動いてしまう。価電子が動くということは、この場合C原子とO原子の間の結合が切れることを意味する。離婚してもよいぐらい魅力的なO^+ということである。

そうすると先ほども出てきたが、カルボカチオン（C^+）ができる (iii)。カルボカチオンはなんとか存在できる中間体であるが、もともと安定な状態ではない。電気陰性度が低くプラスになりたがっている隣のH原子は、電子の欠乏しているC^+に電子を渡すと自分はH^+になり、晴れて（？）自由の身となる。その結果エチレン分子ができ上がる (iv)。

170℃の温度は、不安定な中間体（遷移状態）であるカルボカチオンを作るために必要であった。つまりエネルギーの山の上に押し上げるために必要だったわけである。

このように (a) のように書くと無味乾燥な化学反応を、電子が動き回る様子をこま送りで見ると、(b) のようにそこに展開されるドラマが生き生きと見えてくる。この反応はエタノールから１個の水分子が抜けるので、脱水反応という。

アルコールが酸と反応して脱水すると、エステルというものになる。使う酸が有機酸（塩酸や硫酸を鉱酸［無機酸］といい、カルボン酸など酸性の官能基を分子内に持つ有機化合物を有機酸という）である場合、でき上がるエステルはよい香りがするので、人工の果実エッセンスなどとして使われる。植物の精油中にある香りの元も多くの場合エステルである。

例えば酢酸とエタノールを混ぜ、脱水すると酢酸エチルというエステルができる。酢酸エチルはお酒などに含まれる果実のような芳香成分であるが、他の有機物をよく溶かす力があるので塗料や接着剤などの溶剤としても使われている。エタノールから酢酸エチルを作る反応は、高等学校の教科書では図7-10(a)のように非常にあっさりと書かれている。この反応でも電子がちょこまか活躍していることは言うまでもない。電子の好奇心と行動力（時には持て余すほどの）がなければこの化学反応もまったく起こらない。それでは、どのように電子が走り回ってこの作業を行っているかを見てみよう。

この反応には硫酸などの鉱酸が少量必要になる。ここでは塩酸を使う場合を考える。酢酸のカルボキシ基中のカルボニル基（>C═O）のO原子上の非共有電子対は、ヒドロキシ基（—OH）のO原子上の非共有電子対よりずっと動きやすい。その理由は、すでに察していると思うが、CとO原子の間が2重結合になっていることである。2重結合のπ電子は動きやすく、それが非共有電子対の動きをさらにあおっている。したがって鉱酸からの水素イオン（H^+）があると、この非共有電子対はこのH^+を攻撃し、(b)（ii）のように共有結合を作る。

(a)

$$CH_3COOH + CH_3CH_2OH \xrightarrow{HCl} CH_3COOC_2H_5 + H_2O$$

(b)

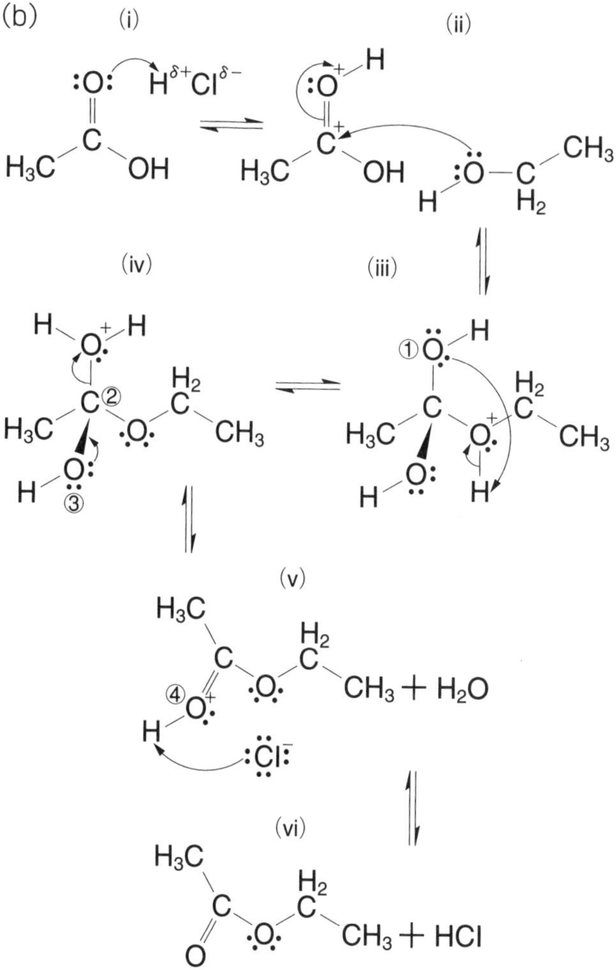

(i)

:O:　$H^{\delta+}Cl^{\delta-}$
C
H_3C　OH

(ii)

:O⁺ H
C⁺
H_3C　OH
:Ö　C　CH_3
H　H_2

(iii)

①Ö H
C
H_3C　O⁺　H_2 C　CH_3
H　O:　H

(iv)

H　O⁺ H
C②　H_2 C
H_3C　:O:　CH_3
H　O:
③

(v)

H_3C
C　H_2 C
④O⁺　:O:　CH_3 + H_2O
H
:Cl:⁻

(vi)

H_3C
C　H_2 C
O　:O:　CH_3 + HCl

図7-10

するとH$^+$からのプラス電荷がO原子に移ってしまいO$^+$となり、このままではO原子は安定ではない。ところが2重結合にあるπ電子は動きやすいので、このO原子の電子不足の解消に自ら進んで参加する（頼まれなくても行く）。そうすると、こんどはカルボニル基のC原子がプラスを帯びるようになる。これも、いままで見てきたカルボカチオンである。

酢酸のC原子がプラスを帯びると、エタノールにあるヒドロキシ基のO原子上の非共有電子対がこのC原子を攻撃する（ii）。そして（iii）のように両者が合体した状態が作られる。カルボニル基のC原子は最初はsp^2混成（平面）であったが、（iii）の状態ではsp^3混成（４面体）になる（sp^2混成では、s軌道１つとp軌道２つが混成して３つの等価な軌道ができる。sp^3混成では同様に４つの軌道ができることを思い出して欲しい）。

このように、反応の遷移状態で４面体状のC原子を経由する化学反応は非常に多い。O$^+$になったO原子はもちろん安定ではないが、電気陰性度が低いH原子の方にプラスの電荷は偏る。カルボニル酸素原子にH原子が結合してできたヒドロキシ基①がこの付近にあるので、このヒドロキシ基のO原子の非共有電子対がプラスを帯びたHを攻撃する（iii）。すると今度はこのヒドロキシ基が—OH_2^+という電子が不足の状態になる。（iv）に示すようにこの不足の電子はC—O結合を作る電子で補われ、H_2Oという形でこの分子から離れていく。と同時（iv）に、その結果できるC$^+$②の電子不足を残ったヒドロキシ基③のO原子の非共有電子対が動いて補い、C—O間に２重結合が形成される（v）。しかしO原子④にはH^+が結合した状態であり、これは安定ではない。この近くに塩化物イオンCl^-が来ると、塩化物イオンはこのH^+に非共有電子対を渡し、HClになる（vi）。と同時に酢酸エチル分子ができ上がる。ここでできたHClは、また次の酢酸とエタノールをエステル化するのに使われる。

話がだいぶ長くなったが、上で話したことが１つずつ段階的に進むのではなく、一気に（i）から（vi）まで進む。（ii）から（v）は中間状態であり、そうした状態をとっている時間は極めて短い。また（i）から（vi）までの状態の間にある矢印は、すべて上下（左右）の２つの方向を向いている。これは反応の条件次第では上にも下にも（右にも左にも）反応は進むということを示す。上で述べてきたストーリーは、「酢酸とエタノールを混ぜて、塩酸で処理すると脱水反応が起こって酢酸エチルができる」というもので、エステル化反応と呼ぶ。それに対して下から上にいくシナリオは「エステルに酸と水を加えることでエステルを酸とアルコールに分解する」というものであり、エステルの加水分解反応と呼ぶ。アルコールが大量に存在している場合は下の方向に向かう反応が起こりやすく、水が大量に存在するとむしろ下から上へ向かう分解の方向に反応が進む。このように両方向に進むことのできる反応を可逆反応という。

図7-10(b) での電子の動きを完全に理解することはなかなか難しいかもしれないが、(a) で単純に書いてしまっ

たことが実はこのような電子の流れによって進んでいることを知るだけでも充分である。またこのような電子の流れは非常にきちんとした法則で動くので、その法則さえ理解すれば、どの物質がどの物質とどのような化学反応をするかは論理的に考えることができる。そうした意味で有機化学は決して暗記物ではない。確かにプロの有機化学者はたいてい多くの反応をそらで言えるが、単に羅列的に覚えているのではなく、電子の動きについての基本ルールに基づいて記憶しているので忘れにくいのである。また単に覚えるだけでは新しい物質を作り出すことなどできない。

有機化合物中でどのように電子が動いて反応や性質が決まるかについてをまとめた学問を、特に「有機電子論」と言う。私の場合もまったくそうだったが、化学は暗記物だと敬遠している人がこの有機電子論に触れると、化学への認識がみごとなくらい変わるものである。どんな学問でもそうだと思うが、得られた結果をただ覚えるのはまったく面白くないが、それらが起こる理由が分かると、その学問の核心が理解できるだけでなく、その学問自体が面白くなる。

7-4 グリニャール試薬

電子の移動が化学反応のすべてであると言える。したがって化学反応をスムーズに行うためには、電子を動きやすくする必要がある。これまで見て来たように、動きやすい非共有電子対はこうした目的にかなうもので、有機化学の多くの反応ではこの電子を利用している。しかしOやN原子を使う限り電子の偏りにも限界がある。より反応を容易にするために、もっと強引に電子を偏らせる方法はないだろうか。そこで有機化学者はハロゲン（F、Cl、Br、Iをハロゲンと呼ぶ）原子や金属原子を用いてきた。

化学反応に用いる化合物のことをすべて試薬というが（例えば、前節で説明した酢酸のエステル化反応では、酢酸とエタノールを試薬と呼ぶ）、有機化学の研究は有用な試薬の開発によって発展してきた。むしろ有機化学の大部分は試薬の開発であるとも言える。そうした中で、グリニャール試薬（R—Mg—X　Xはハロゲン原子を、Rは炭化水素基〈例えばエチル基〉を表す）は非常に大きな成功を収めたものである。

グリニャール試薬のひとつの例を図7-11(a)に示す。1-ブロモプロパンをエーテル中で金属マグネシウムと反応させると、BrとC原子の間にMgが割り込んだ形の臭化プロピルマグネシウムという化合物ができる。これがグリニャール試薬の1種である。C原子の電気陰性度がMg原子よ

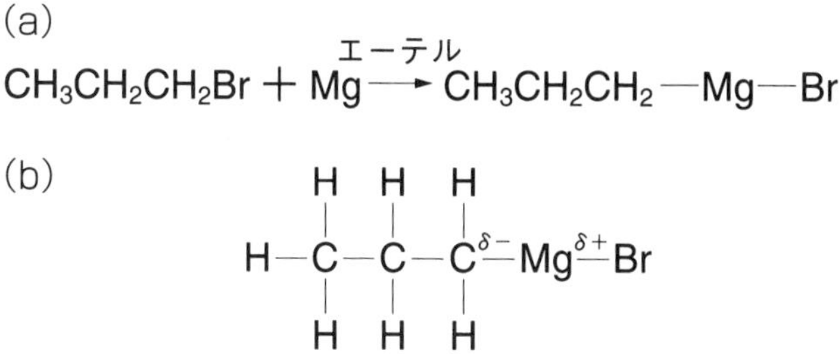

(a)

$$CH_3CH_2CH_2Br + Mg \xrightarrow{\text{エーテル}} CH_3CH_2CH_2—Mg—Br$$

(b)

$$H—\overset{\displaystyle H}{\underset{\displaystyle H}{C}}—\overset{\displaystyle H}{\underset{\displaystyle H}{C}}—\overset{\displaystyle H}{\underset{\displaystyle H}{C}}^{\delta-}—Mg^{\delta+}—Br$$

図7-11

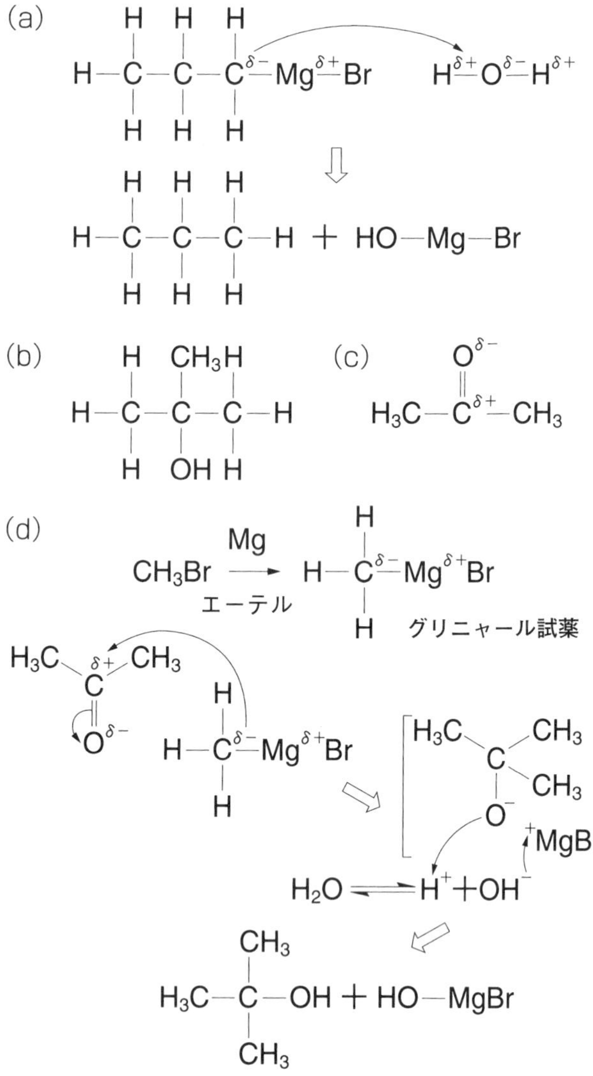

(a)

$$CH_3-CH_2-CH_2^{\delta-}-Mg^{\delta+}-Br \quad H^{\delta+}-O^{\delta-}-H^{\delta+}$$

⇩

$$CH_3-CH_2-CH_2-H + HO-Mg-Br$$

(b)

$$CH_3-CH(OH)-CH_3$$

(c)

$$H_3C-C^{\delta+}(=O^{\delta-})-CH_3$$

(d)

$$CH_3Br \xrightarrow[\text{エーテル}]{Mg} H_3C^{\delta-}-Mg^{\delta+}Br$$

グリニャール試薬

$$H_3C-C^{\delta+}(=O^{\delta-})-CH_3 \quad H_3C^{\delta-}-Mg^{\delta+}Br$$

⇨

$$\left[(H_3C)_3C-O^{-} \quad {}^{+}MgBr\right]$$

$$H_2O \rightleftharpoons H^{+} + OH^{-}$$

⇩

$$(H_3C)_3C-OH + HO-MgBr$$

図7-12

りずっと大きいので、C原子の方にC—Mg結合に関与する共有電子対がぐっと引き寄せられ、C—Mg結合は(b)のように大きく分極する。C—Mg結合は結合しているというより、かろうじてつながっていると言う方が適切かもしれない。C原子に偏った電子は、プラスに帯電した原子を強く求めている状態である。例えば図7-12(a)のように臭化プロピルマグネシウムを水に作用させると、C原子上の電子は水分子が解離したH^+イオンをすぐさま攻撃して、プロパンができる。

2-メチル-2-プロパノールは(b)のような化合物であるが、この化合物をグリニャール試薬で作ることを次に考えてみよう。

原料の１つにアセトンという分子を用いるが、その化学構造は(c)のようである。アセトンではO原子の電気陰性度が高く、カルボニルの２重結合ではπ電子が動きやすいので、O原子はδ−にC原子はδ+に分極する。これを利用すればよい。結果を(d)に示す。

まず臭化メチル（CH_3Br）を原料にグリニャール試薬を作り、この試薬とアセトンを混ぜると、グリニャール試薬のC原子（δ−）の電子がアセトンのカルボニルC原子（δ+）を攻撃して中間体を作り、この中間体のO原子上の電子がH_2Oの解離でできたH^+イオンを攻撃して、最終的に2-メチル-2-プロパノールができる。グリニャール試薬は、普通だったらδ−になりにくいC原子を強制的にδ−化して、その反応性を高めている。まさに人為的に電子を操作して化学反応を進める妙味をこの試薬はもっている。

このように、いくつかの反応試薬の種類と電子の動きのルール（つまり電子の性質）が分かると、自由に新しい分子を作り出すことができる。これまで世の中になかったまったく新しい分子を作ることも可能なので、この化学ゲームはでき合いのゲームやギャンブルよりもずっと面白い。多くの科学者が夜も眠らずに研究に没頭している大きな理由のひとつに、このようなゲームへの熱中がある。最近ではそれにかなりの懸賞金がかかっていることも多いので、ついには完璧にのめりこむというわけである。格好よく言えば真理の探究であるが、実際のところはおおかた面白くてやめられないからだ。したがって、研究の現場ではその研究者の人間性が露骨に出てくる。他人の実験を妨害するのは極端な例としても、成果を得るためには手段を選ばずという例は枚挙にいとまがない。現状では科学を行う人間の人間性をチェックする手段はまったくないが、今後その必要性が出てくるのは必至であろう。

7-5 亀の甲も怖くない

ベンゼン環が６角形で亀の甲羅の模様に似ていることから、「亀の甲」で有機化学あるいは化学全体を指し、「亀の甲」は苦手という使い方が昔はよくされた。高等学校の教科書を見ると確かに亀の甲に関しても羅列的に記述されていることが多く、意外と難しいことが平然と書かれている。ここでは電子の動きによる化学反応という観点から、いくつかのポイントを見てみたいと思う。

ベンゼン自身はもともと非常に安定である。その安定性はπ電子が６員環の中を自由に動き回っていることによる。ところが、ベンゼンはおとなしくしているどころか、この自由なπ電子を用いて他の分子と積極的に相互作用する。ベンゼン環を用いた化学が今日の物質文明の中で大きな役割を果たしているのはこのためである。例えば「亀の甲」なくしては薬の話はまったくできないと言ってよい。

7-2節で述べたようにエチレンにCl_2を作用させると、２つのCl原子が共にエチレンの２重結合のところに結合した（付加反応）。ベンゼンも形式的には２重結合が交互にあるので、このような反応が起こるのだろうか。結論を先に言うと図7-13のように、鉄粉を存在させCl_2をベンゼンに加えると、結合の状態は変わらず１つのH原子がCl原子で置き換えられる置換反応が起こり、付加反応は起こらない。高等学校の教科書では単純に（a）のように書かれているが、H原子がCl原子にさっと置き換わるわけではない。実際には（b）に示すような反応が起こっている。

鉄粉（Fe：原子番号26、原子価２または３）をCl_2に混ぜると、$FeCl_3$［塩化鉄（III）］ができる（i）。この$FeCl_3$がさらにCl_2に作用すると、$FeCl_3$のFeは電子が不足しているので、Cl_2から電子を引っ張る。するとCl_2は$Cl^{\delta-}$—$Cl^{\delta+}$のように分極し、さらには$Cl^{\delta-}$が$FeCl_3$に引き寄せられ、$Cl^{\delta+}$が裸の状態になる（ii）。これがミソである。Cl_2を入れても鉄粉を加えないと、この反応は進まない。この$FeCl_3$のような働きをするものを触媒と言う。

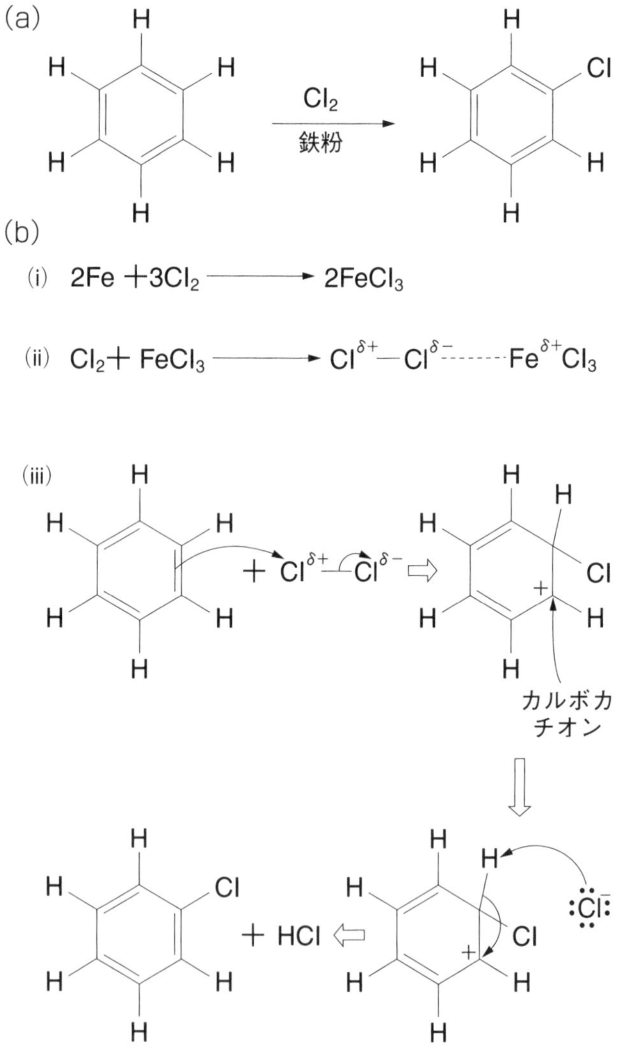

(a)

$$C_6H_6 \xrightarrow[\text{鉄粉}]{Cl_2} C_6H_5Cl$$

(b)

(i) $2Fe + 3Cl_2 \longrightarrow 2FeCl_3$

(ii) $Cl_2 + FeCl_3 \longrightarrow Cl^{\delta+}{-}Cl^{\delta-}\cdots Fe^{\delta+}Cl_3$

(iii) $C_6H_6 + Cl^{\delta+}{-}Cl^{\delta-} \Rightarrow$ カルボカチオン $\Rightarrow$ (:Cl:$^-$) $\Rightarrow$ $C_6H_5Cl + HCl$

図7-13

このようにして生じた$Cl^{\delta+}$に、ベンゼン中のπ電子が攻撃をかける（iii）。この図では非局在化した電子ではなく、分かり易いように２重結合が局在化した状態で書いてある。１つの２重結合の電子が$Cl^{\delta+}$を攻撃すると、その部分にカルボカチオンができる。するとベンゼン環内で回っている電子は、この部分で自由度が失われてしまう。そこで残りの電子が共同して、失った電子を外側からなんとか回収して安定になろうとする。自由な電子が複数集まっているのだから、その力は強い。Cl原子が結合したC原子についているH原子の電子は、Cl原子の大きな電気陰性度でC原子側に引きつけられているので、この電子を利用すると都合がよい。幸いにもこの分子の付近にはベンゼンにCl^{+}を与えた残りのCl^{-}イオンがある。このCl^{-}イオンからの電子が問題のH原子を攻撃すると、それに連動して待ってましたとばかりに、カルボカチオンにC—H結合にある電子が流れ込みベンゼン環はもとの平穏なベンゼン環となり、落ち着く。ベンゼン環内を回りつづけていたいという電子の本性がこの結果をもたらしている。

エチレンはあっさりCl_2と反応したが、ベンゼンでは触媒を使わないと反応は進まない。これはベンゼン中の電子が安定で、容易には外からのちょっかいを受けにくいことを示す。さらにはエチレンでは付加反応が起こったが、同じような条件を使うと、ベンゼンではおおもとの（安定な）構造を残したままの置換反応しか起こらない。

高等学校の教科書では実にあっさりと（a）のように、あたかもH原子をCl原子と読み替えればよいような書き方がされているが、実は（b）のようにいろいろな事情とベンゼン環内の電子の自由さがこの反応の裏にはある。別の言い方をすれば、ベンゼン環という形をとると、その中では電子は実に居心地がよくなり、容易にその状態を変えようとはしないということである。したがってベンゼン環に対する反応は、大部分がいま説明したような置換反応である。

付加反応は起こらないことはないが、非常に激しい条件が必要である。例えばベンゼン環にH原子を付加する反応について考えると、理屈では図7-14のように（i）、（ii）、（iii）の３種類の化合物の形が段階的にとれるはずである。この反応を実際に行うには、高温高圧と触媒が必要である。ベンゼン環が極めて安定であるから、反応のはじめの段階では大きな抵抗を示すが、いったん付加するとなし崩し的に（iii）まで行ってしまう。つまり（i）や（ii）の段階で反応を止めることはできない。反応を制御して望みの化合物を作るという観点からは、ベンゼンへの付加反応はこのように実際上考慮する必要がないほど面白みがない。

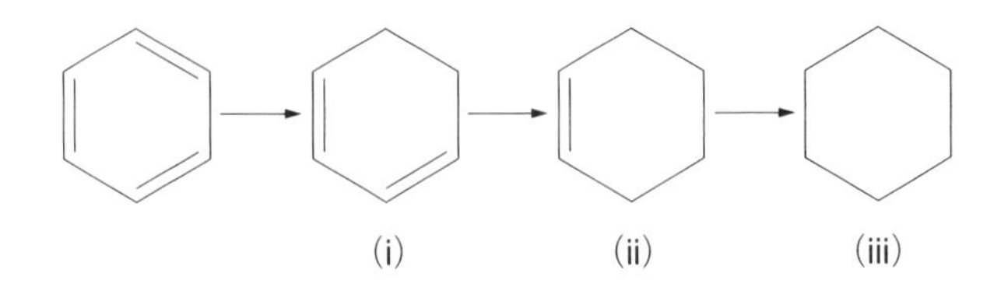

図7-14

7-6　ベンゼン環では置換反応は容易に起こる

7-5節では、ベンゼン環への置換がどのように起こるかを見た。有機化学の反応がどのように起こるか、その仕組みを理解するためには電子の流れの基本的なルールを知ればよい。教科書ではページ数の都合もあって（なぜ教科書は厚くしてはいけないのだろうか）とにかく知識を盛り込もうとしてしまうが、少し回り道をしてもその理由を考えてみると理解が進む。高等学校で化学を学ぶ大半の生徒は、将来化学を使うことはないだろう。だから多岐にわたる化学に断片的に触れるより、むしろ化学の本質を理解した方がよいと私は思う。文句はこのあたりにして、調子が乗ってきた読者のために、さらにいくつかの置換反応について見てみよう。

まずかつて社会問題にもなったシンナー（薄め液）に入っているトルエンの作り方を考えてみる。トルエンは非常によく他の有機化合物を溶かすので塗料などのシンナーに用いられている。有機化合物を溶かすのに昔はベンゼンをよく使ったが、ベンゼンに発ガン性が指摘されてからは、ベンゼンより少し価格が高いがトルエンを代わりに使うことが多い。**図7-15**に示すように、ベンゼンとトルエンでは１個のH原子がメチル基（$—CH_3$）に置き換わっただけの差しかない。この差が生物に対する影響では大きな差になる。

ベンゼンのH原子をメチル基などのアルキル基（$—C_n$

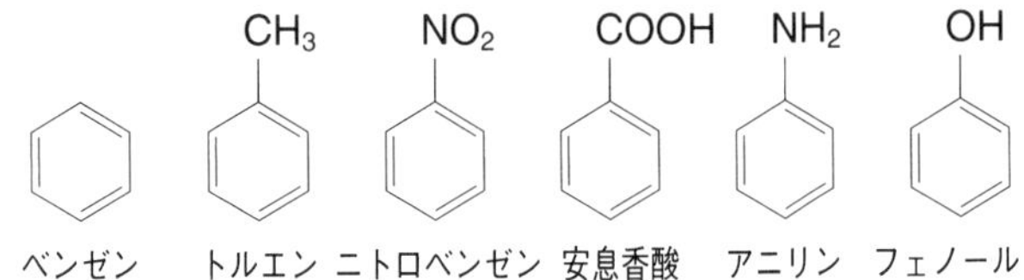

図7-15

H_{2n+1}）に置換する反応は、ベンゼンを出発点としてバラエティーに富んだ化合物を作る上で重要である。

この反応では塩化メチル（CH_3Cl）とベンゼンを基本原料にするが、塩化アルミニウム（$AlCl_3$）を触媒に用いる。$AlCl_3$は前節で見た$FeCl_3$と同じ働きをする。**図7-16**のように、この触媒は塩化メチルから塩素原子を引き抜いて、カルボカチオンを作る働きをしている。このように触媒作用でき上がったカルボカチオン①を、ベンゼン環のπ電子が攻撃する。ベンゼン環が変化してできるカルボカチオン②では、ベンゼン環から失った電子を呼び戻そうという強い復帰運動が働く。すなわちCl^-イオンの電子対がH原子を攻撃して引き抜くことと同時にC—H結合にあった電子が環内に流入し、ベンゼン環を再現して、最終的にトルエンができ上がるというわけである。この反応では副産物として塩化水素（HCl）が発生する。

ここでまた横道にそれる。7-1節でメタンのH原子を紫外線を使ってCl原子で置き換える反応について見た。し

$$CH_3^{\delta+}Cl^{\delta-} + AlCl_3 \longrightarrow CH_3^{+} + AlCl_4^{-}$$

$$AlCl_4^{-} \longrightarrow AlCl_3 + Cl^{-}$$

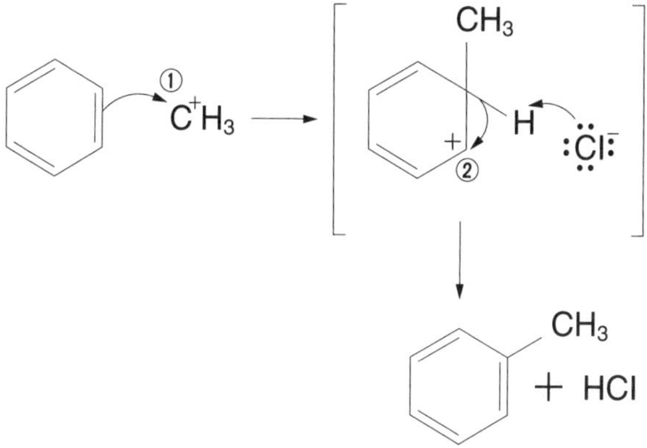

$$+ \; HCl$$

図7-16

かし紫外線を使うと、図7-16で使った塩化メチルは作れるが、他の多くの化合物もできてしまうので、純粋な塩化メチルを作るのには適さない。ラジカルがからむ反応はラジカルが過激過ぎるので、収拾がつかない。それではCH_3Clだけをどうやって作ればよいのだろうか。

いろいろな方法があるが、アルコールを使うのは最も簡単な方法である。図7-17のように、塩化水素をメタノールに作用させる。これまで学んだことから、まず図7-17を見ないで、どのように塩化メチルができるかトライしてみたらどうだろうか。

塩化水素では分極が起こっていて、塩素原子はマイナスに水素原子はプラスに帯電している。メタノールのO原

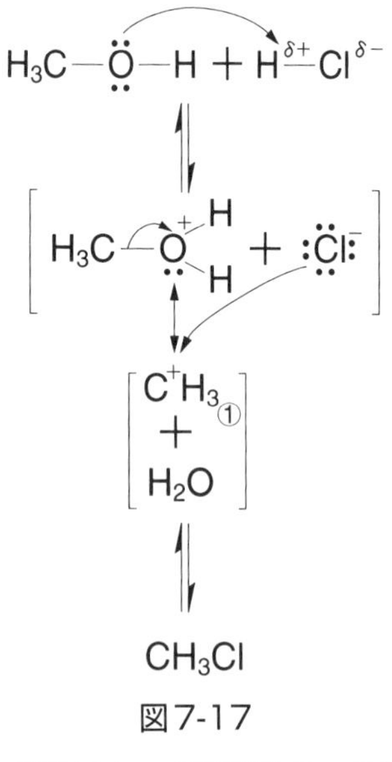

図7-17

子の非共有電子対は塩化水素のプラスになったH原子を攻撃し、H原子をHClから引き離す。Cl原子はCl^-イオンになる。メタノールがH原子を取り込むとO原子はプラスの電荷を帯びるので不安定になり、この電子不足を補うためにC—O結合の間の電子対がこのO原子に移動する。移動とともにC—O結合は切れ、水分子とカルボカチオン①ができる。カルボカチオンはすぐさまCl^-イオンの電子によって攻撃され、目的の塩化メチルができ上がる。

メチル・カルボカチオン①はカルボカチオンの中でも安定性が低い部類なので、この反応を進めるためには途中でできるH_2Oをどんどん除いてやる必要があり、そのために硫酸を加えてこの水を吸わせる。もし水を除いてやらないと、不安定なCH_3^+はCl^-と出会う前にH_2Oと反応して、もと来た道をひき返し、原料のメタノールとHClに戻ってしまう。

このように本質的に可逆的な反応を一方向に進ませるためには、反応の途中で生成してくる物を反応の舞台から取り除く必要がある。図7-17は脱水反応による塩化メチルの製法とも見られるし、反対に塩化メチルに水を加えてメタノールに分解（加水分解）する反応とも見ることができる。

ニトロベンゼンは種々の有機化合物を作る原料として用いられるほか、石鹸の原料や潤滑剤として使われる。アーモンドのようなよい香りがするが、強い毒性を持つ化合物である。高等学校の教科書ではニトロベンゼンは「ベンゼンに濃硝酸と濃硫酸を作用させる」とできると書いてあり、図7-18(a) のようにいわば一行記載がなされている。

この反応も、電子の動きから見てみよう (b)。図7-17の反応では硫酸は水を吸うために使ったが、この場合は違う。硫酸は積極的に試薬作りに参加する。電離した硫酸からの水素イオン（H^+）が硝酸のOHのO原子にある非共有

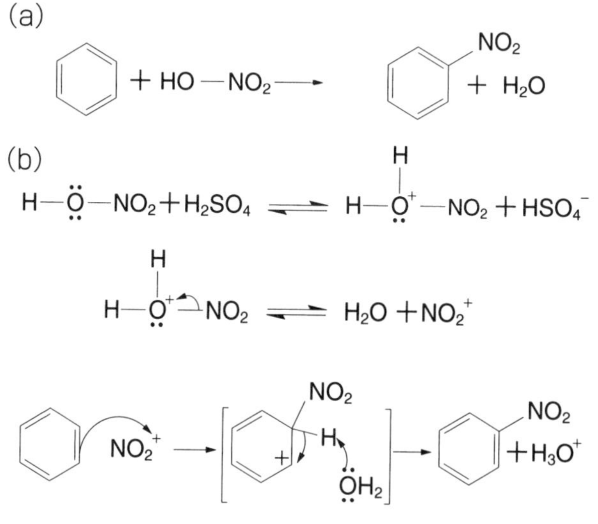

(a)

$$+\ HO-NO_2 \longrightarrow \quad NO_2 \quad +\ H_2O$$

(b)

$$H-\ddot{\underset{\cdot\cdot}{O}}-NO_2 + H_2SO_4 \rightleftharpoons H-\overset{H}{\overset{|}{O^+}}-NO_2 + HSO_4^-$$

$$H-\overset{H}{\overset{|}{O^+}}-NO_2 \rightleftharpoons H_2O + NO_2^+$$

$$NO_2^+ \longrightarrow \left[\ +\ NO_2\ H\ \ddot{O}H_2\ \right] \longrightarrow NO_2 + H_3O^+$$

図7-18

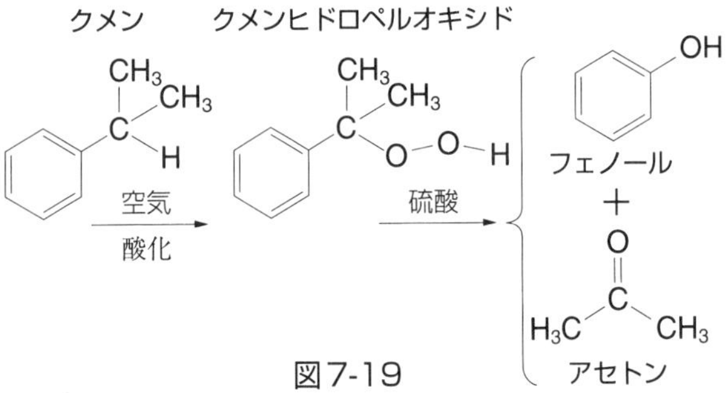

クメン　クメンヒドロペルオキシド

$C_6H_5{-}CH(CH_3)_2 \xrightarrow[\text{酸化}]{\text{空気}} C_6H_5{-}C(CH_3)_2{-}O{-}O{-}H \xrightarrow{\text{硫酸}}$ フェノール（C_6H_5OH）＋ アセトン（$H_3C{-}CO{-}CH_3$）

図7-19

(a)

$C_6H_6 + H_3C{-}CHCl{-}CH_3 \rightarrow C_6H_5{-}CH(CH_3)_2 + HCl$

2-クロロプロパン　クメン

$H_3C{-}C^{\delta+}H(Cl^{\delta-}){-}CH_3 + AlCl_3 \rightarrow H_3C{-}C^{\delta+}H{-}CH_3 + AlCl_4^-$

$AlCl_4^- \rightleftharpoons AlCl_3 + :\ddot{Cl}:$

(b)

$C_6H_6 + H_3C{-}C^{\delta+}H{-}CH_3 \rightarrow [C_6H_6^+{-}CH(CH_3)_2] \xrightarrow{:\ddot{Cl}:^-} C_6H_5{-}CH(CH_3)_2 + HCl$

(c)

$C_6H_5{-}CH(CH_3)_2 \xrightarrow{\text{加熱}} C_6H_5{-}C\cdot(CH_3)_2 + \cdot H$

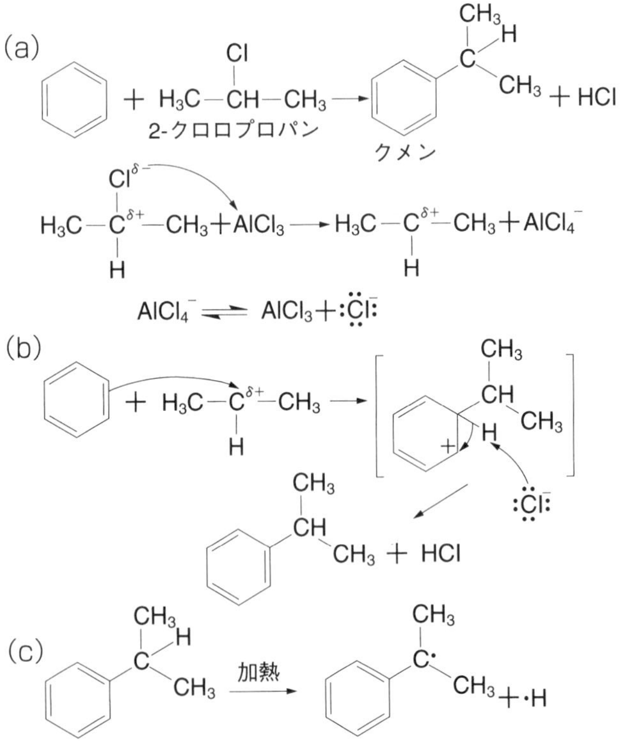

図7-20

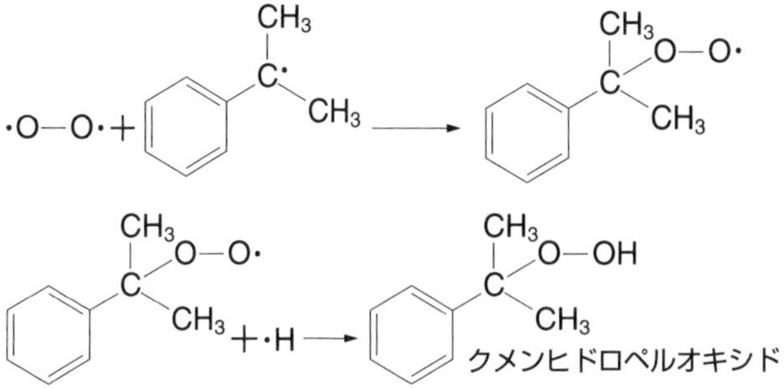

クメンヒドロペルオキシド

図7-20（続き）

電子対で攻撃される。その結果生じるO^+はすぐさま隣のN原子との共有電子によって攻撃を受けH_2Oになる。それと同時にニトロ基（—NO_2）のN原子にプラスの電荷が渡される。NO_2^+をニトロニウム・イオンという。このニトロニウム・イオンは電子が欠乏しており、ベンゼン環内のπ電子による格好の攻撃目標になる。つまりニトロニウム・イオンを発生させるために硫酸を加えたのである。

先に進もう。このニトロニウム・イオンをベンゼンの電子が攻撃すると、例によってカルボカチオンができる。もう同じようなことが何度も出てきたが、ベンゼン環の中に電子を引き戻そうという動きと、ニトロニウム・イオンと共にできた水分子のO原子上の非共有電子対がH原子を引き抜きH_3O^+になる動きが同時に起こる。H_3O^+はヒドロニウム・イオンである。

フェノールは、ベンゼン環の１つのH原子がヒドロキシ基に置換したものである（図7-15）。古くは石炭酸と呼ばれた。カルボン酸（RCOOH）でもないのになぜ酸と呼ぶかは後で説明する。フェノールは化学品、医薬品そして染料などの原料として用いられているので、非常に重要な工業原料である。フェノールを作る方法はいろいろあるが、現在ではクメン法というものが主流である。その方法について見てみよう。高等学校の教科書ではさり気なく反応の最初と最後が書かれているが（図7-19）、実際にはなかなか込み入っている。ここではひとつのチャレンジとしてこの問題を考えてみよう。

図7-20(a) のようにベンゼンに2-クロロプロパンを加えると、クメンという化合物ができる。触媒には$AlCl_3$を用いる。すでに類似の反応を見てきたので$AlCl_3$の働きとその後の反応は分かるだろう。この反応は (b) のように進む。次が少し難しい。高等学校の教科書では空気でクメンを酸化すると書いてあるが、ここにまったく述べられていない重要なことがある。

O分子の価電子は、第1章で見たように、通常は$:\ddot{O}::\ddot{O}:$のように表される。O原子とO原子は2重結合でつながり、非共有電子対が各々2個ずつある。ところが高温にすると$:\underset{\cdot}{\ddot{O}}:\underset{\cdot}{\ddot{O}}:$のようにO原子の間は単結合になり、対になっていない電子が1つずつできる。ラジカルである。もう言うまでもないが、この状態は非常に反応しやすい。

一方クメンを高温にすると、(c) のようにH原子がラジカルの形で抜けてしまう。クメンのような分子構造ではラジカルができ易いので、紫外線ではなく熱でもラジカルになる。そうすると・O—O・ラジカル（ラジカルを簡単に表現した）とクメン由来のラジカルが反応して、クメン・ヒドロペルオキシドという化合物ができて、ここでひとまず落ち着く。もちろん光を照射してもこの反応は起こる。

クメンヒドロペルオキシドは—O—O—という化学構造を持っている。この構造を含む化合物は過酸化物と呼ばれ、あまり安定ではなく、**図7-21**のように酸で容易に分解し、最終的にフェノールとアセトンができる。

この反応には酸の存在が必要である。(i) に示すように、酸からのH^+イオンをヒドロペルオキシドの右側にあるO原子①の電子が攻撃することで反応は開始する。①のO原子の方が②より分極している（マイナスの電荷を帯びる）から、②ではなく①のO原子にH^+が移る。２つのO原子に結合した原子の電気陰性度を比較すれば、どちらのO原子がより分極しているかが予想できるだろう。

この反応で (ii) のような分子ができるが、①のO原子はO^+になり、O—O結合から電子を引っ張りH_2Oになろうとする。その際、②のO原子は電子不足になる。しかし自由になる電子を持たない隣接の③のC原子は電子を供給できない。一方、ベンゼン環とこのC原子の間にはベンゼン環からの電子が流れやすくなっている。実際に、この結合に流れて来るベンゼン環からの電子がO原子②の電子不足を補い、(iii) のようにH_2Oが離れると同時に、(iv) のようにC—C結合に代わりC—O結合が作られる。このように結合する位置が変わることを転移という。

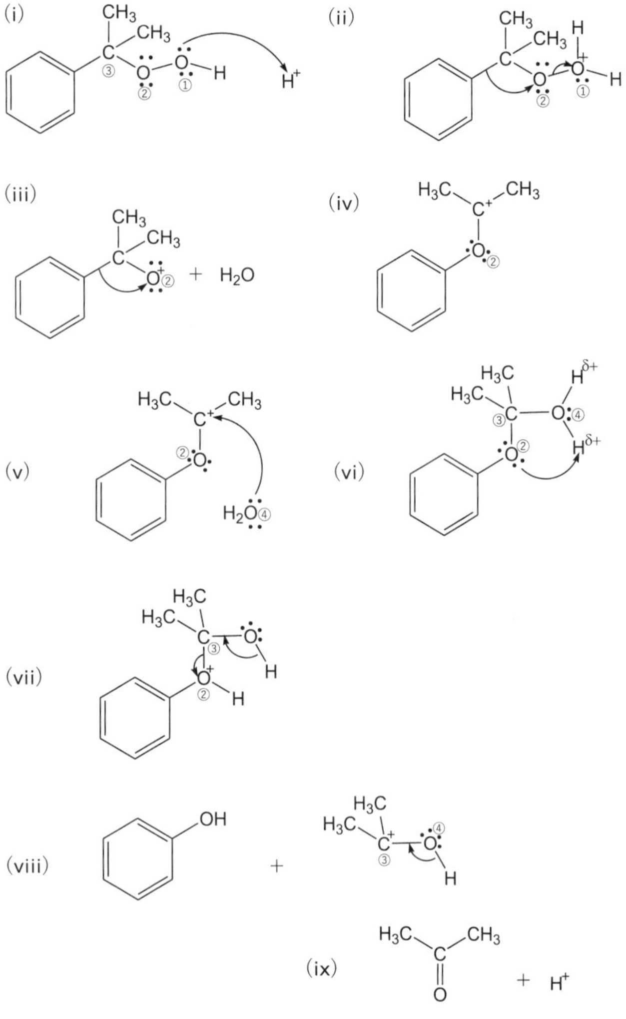

(i)
CH_3
CH_3
C ③
O ②
O ①
H
H^+

(ii)
CH_3
CH_3
H
C
O ②
O^+ ①
H

(iii)
CH_3
CH_3
C
O^+ ②
+ H_2O

(iv)
H_3C
CH_3
C^+
O ②

(v)
H_3C
CH_3
C^+
② O
H_2O ④

(vi)
H_3C
H_3C
$H^{\delta+}$
③ C
O ④
O ②
$H^{\delta+}$

(vii)
H_3C
H_3C
C ③
O
H
O^+ ②
H

(viii)
OH
+
H_3C
H_3C
C^+ ③
O ④
H

(ix)
H_3C
CH_3
C
O
+ H^+

図7-21

(iv) には、カルボカチオンができ、そのままでは安定ではない。(v) に示すようにこのカルボカチオンを、H_2OのO原子の非共有電子対が攻撃する。O原子④に結合している2つのH原子は$\delta+$に分極しているので、O原子②の非共有電子対は近い方のH原子を (vi) のように攻撃し、(vii) の状態になる。②のO原子は電子不足になるが、C③—O②結合の電子がこの電子不足を補うと同時に、C③—O②結合が切れ、分子の左部分から (viii) のフェノールが生成する。

一方、(viii) の右に示すように、切断された右部分のC③原子は電子不足である（C③原子の周りには6個の価電子しかない）が、ヒドロキシ基のH原子は電子を離してH^+になりたいので、O—H結合に使っている電子をC③—O④結合に供給する。その結果、(ix) に示すように、この結合が2重結合になったアセトンが生成し、同時にHはH^+として放出される。H^+は再び (i) の反応に使われる。この反応では酸はこのように触媒として使われる。

だいぶ長丁場の説明をしたので、フォローするのに疲れた読者も多いだろう。高等学校の教科書では図7-19のように実に単純に表されているが、実は電子があちこちとめまぐるしく動き回って新たな分子であるフェノールを作るために働いている雰囲気だけでも理解してもらえればよい。もちろん電子たちの動きにはある一定のルールがある。これまでたびたび見てきたように、実験の条件とは、実は電子を望む方向に動かすための条件である。

電子は活発で、無邪気で、ある程度わがままなところがある妖精のようなものである。しかしその性質さえ見抜けば文句も言わずに機嫌よく働いてくれる便利な妖精でもある。この可愛い電子を上手に操作するための科学や技術が化学である。図7-20から図7-21にかけての説明が面白かったと思った人はもちろん、なにか腑に落ちないが不思議な魅力を感じるという人はぜひ巻末の参考書にチャレンジして欲しい。教科書にはなかった新しい世界がそこに広がっていることを見つけるだろう。

アセトンは有用な有機溶媒として働くだけではなく、各種の化学物質の合成原料としてとても大事な化合物である。私たちの血液や尿の中にもアセトンは微量に含まれており、糖尿病の患者の尿には多く含まれる。クメンを経るフェノールの合成法ではこのようにアセトンも生じる。2種類の価値の高い化学製品が同時に作られるので、この方法は非常に効率的である。

7-7 フェノールはなぜ酸か

フェノールは弱い酸としての性質を示すので、石炭酸とも呼ばれる。フェノールにはベンゼン環とヒドロキシ基しかないが、なぜこれが酸性を示すのだろう。ここにも電子の性質の重要な側面が見える。

図7-22(a) のようにフェノールのH原子がH^+に解離した状態を考えよう。前にも同じ論法をとったが、でき上がったものが安定かどうかを考えようというものである。H^+が解離すると、O原子上の電子を引きとめておくH原

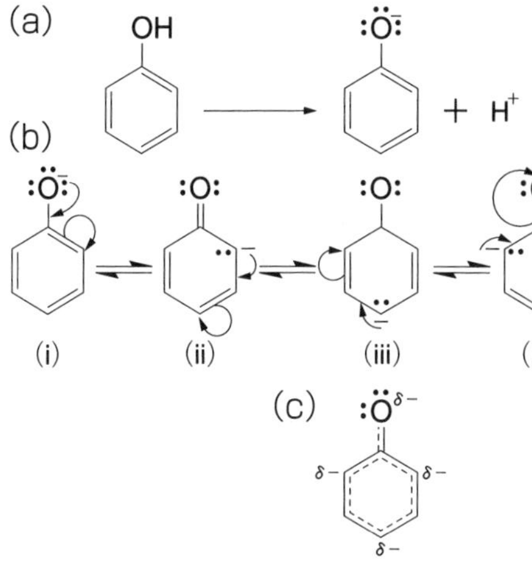

図7-22

子がなくなるので、O原子上の電子はベンゼン環内の電子と遊ぶようになる。ベンゼン環は電子が遊びまわるには適した場所である。いわば遊び場である。

（b）に示すようにO原子からの電子がのこのこベンゼン環の方に出てくると（i）、環内の電子はこれを歓迎して環内で送り合わせるため、（ii）のように電子があるところにかたまることがある。しかしずっとここに電子がいるわけではない。かたまった電子はじっとしてはおらず、次の結合のところにも移動する（iii）。さらに、（iv）、（v）そしてまた（i）、（ii）、（iii）……と動く。いまはこま送りで見たが、実際には電子たちはベンゼン環とO原子のまわりを駆け回っている。ただ「－」（マイナス）と示されるところには他に比べて電子のいる割合が多くなる。

複数の電子分布の状態をとることを共鳴と言ったが、この場合も正に共鳴が起こっている。H^+が解離したフェノールをフェノキシド・アニオン（アニオンとは陰イオンを指す）と言うが、フェノキシド・アニオンでは電子の共鳴が広範囲に起こることになる。つまりH^+を放出したフェノキシド・アニオンは安定な形であり、世の中すべて安定の方向に進むので、フェノールは酸になる（つまりH^+を放出する）ということになる。ベンゼン環内の電子が協力して電子の安定化を図った結果である。これはカルボン酸がH^+を放出し易いことと同じである。

実際には（ii)、(iii）および（iv）とかが長い間存在するのではなく、それらを重ね合わせた（c）のような状態になっている。点線は電子が流れている様子を示す。興味深いのは、もともとベンゼン環内で電子は一様に分布していたが、フェノキシド・アニオンでは3ヵ所に電子が集まる溜まり場ができるということである。

トルエンの場合も同じようにベンゼン環の中で電子の溜まり場を作る。トルエンではメチル基の3つのH原子から電子はC原子の方に集まる傾向になっている（電気陰性度の関係で)。本来あまり動きのよくないこれらの電子がもぞもぞ動いていると、ベンゼン環中の電子が熱い視線を送る。この誘惑でこれらの電子はどっと遊び場の方に駆け出していく。

実はこの時の電子の流れとその仕組みについてはまだよく分かっていない点がある（世の中にはけっこうまだ分からないことが多い)。しかしおおよそ図7-23(a）のようだ

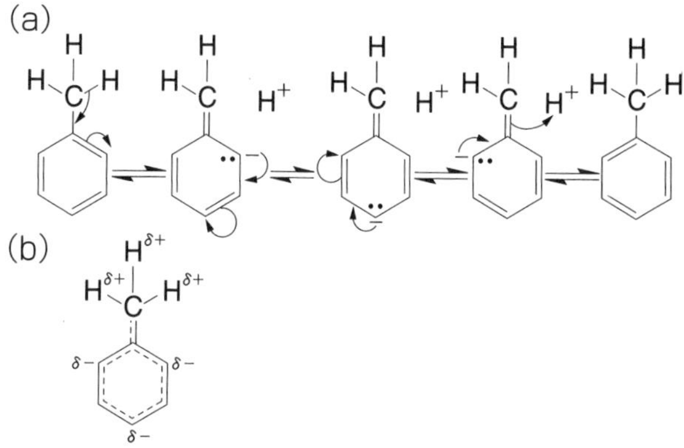

(a)

(b)

図7-23

ろうと考えられている。この図では１つのH原子がH^+になるように描いてあるが、実際には残りのH原子も同時に関与しているはずである。たぶん実像は (b) のようであろう。ベンゼン環内に電子の溜まり場ができることがこの図からも分かる。

逆にベンゼン環に結合する原子団によっては、ベンゼン環内に電子の希薄な場所ができてくることもある。ニトロ基のついたベンゼンがその例である。まずニトロ基中の電子の状態を考えるために、ニトロメタンを見てみよう。図7-24(a) のようにニトロ基のⒶのO原子のまわりには６個の価電子があり、Ⓐには電荷はないが、ⒷのO原子は７個の価電子を持ちマイナスの電荷を持つ。またN原子は４個の価電子しか持たずにプラスの電荷を持つ。このような偏りが分子内では安定に存在しないことは、ここまで読んできた読者なら推察できるだろう。推察のとおりであ

(a)

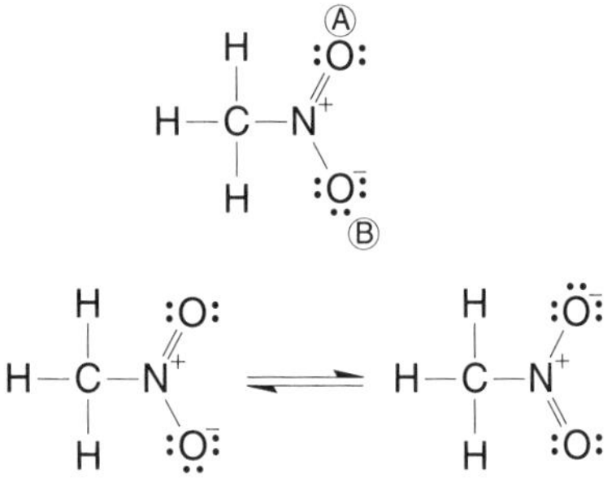

(b)

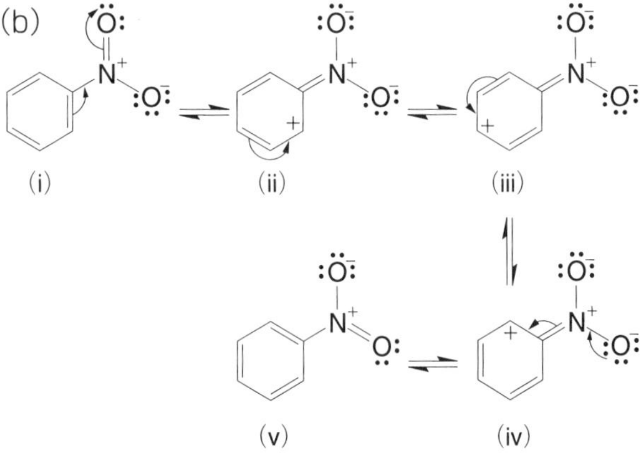

(i) (ii) (iii)

(v) (iv)

(c)

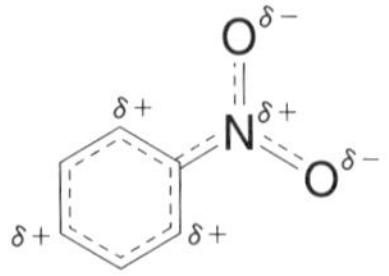

図7-24

る。実際にはその下に書いたように２つの構造式が共鳴している。実験的にも２つのN—O距離は等しく、単結合と２重結合の中間の性質を持っている。別の言い方をすれば、ニトロ基内で電子は非局在化している。ニトロメタンはロケット燃料に使われる。

さて本題であるニトロベンゼンである。(a) のニトロ基の共鳴構造を見ても分かるように、N原子はニトロ基では常にプラスの電荷を帯びていて、慢性的な電子不足である。それに加えてN原子の電気陰性度は高い。ベンゼン環の電子がこの状況を見逃すはずがない。ベンゼン環の中でぬくぬくとしていればよいようなものだが、機会さえあれば我らの電子は進んで新天地に入っていく好奇心の持ち主である。

(b) は、ニトロベンゼンの共鳴もニトロ基への電子の流れに伴って起こることを示す。ベンゼン環からの電子がN原子の方に流れると (i)、それに伴い環内には電子の薄いところ（＋で示した）ができる。しかしその薄いところは隣の結合の電子が補う (ii)。すると薄いところがまた移動する。するとまた隣の結合の電子が補う……というようにフェノールの場合と同じようなことが起こる。結果としてニトロベンゼン中の電子は (c) のような状態になっていると考えられる。点線は流れている電子を表す。

このように、ニトロ基のようなベンゼン環から電子を強く吸い取る働きのある原子団がベンゼンのH原子を置換すると、ベンゼン環内で電子の薄くなる場所ができる。

以上のように、電子に富んだベンゼン環にいろいろな置

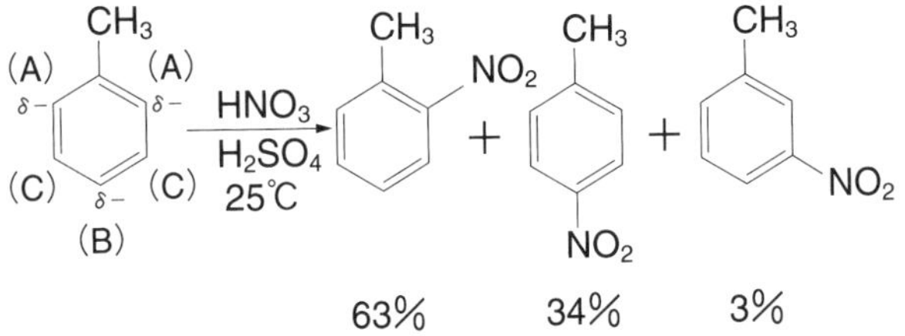

(A) CH_3 (A) δ− δ− (C) δ− (C) (B) $\xrightarrow[H_2SO_4,\ 25℃]{HNO_3}$ CH_3 NO_2 + CH_3 NO_2 + CH_3 NO_2

63%　34%　3%

図7-25

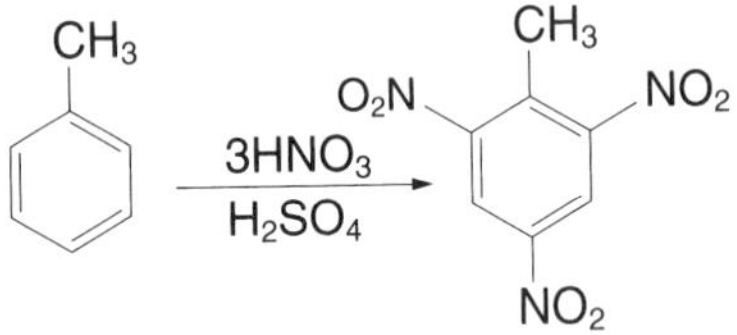

CH_3 $\xrightarrow[H_2SO_4]{3HNO_3}$ CH_3 O_2N NO_2 NO_2

図7-26

換基をつけると、その置換基の性質によりベンゼン環中の電子の分布に濃淡をつけることができる。これはベンゼンをスタートとして種々の化合物を作る上で非常に重要な性質である。

ここで、すでに習ったトルエンにニトロ基をつけることを考えてみる（図7-25）。トルエンではベンゼン環内の電子分布に偏りがある。ニトロベンゼンを作るところ（7-6節）で見たが、ニトロ化（H原子をニトロ基—NO_2で置換すること）の際にはNO_2^+という試薬にベンゼン中のπ電子が攻撃をかける。したがってベンゼン中でより電子の多い場所がより強くNO_2^+を攻撃することになる。

トルエンでは左右の区別がないので、（A）と（B）の場所がより強くNO_2^+を攻撃すると予想される。実験結果はまったくそのとおりであり、(C) の位置にニトロ基が置換するものは極めて少量しか取れない。(A) と (B) につくものが大半である。(A) は２つの場所を代表しているので１ヵ所あたりでは31.5％となるので、(A) と (B) にはほぼ同じ確率で置換することが分かる。このようにすでに置換している原子団が、次に置換する原子団の結合する場所を限定する。少々物騒な話になるが、トルエンに３つのニトロ基を結合させるとTNT（図7-26）という物質ができる。これは最強の爆薬の１つである。ニトロ基の結合する位置に注意して欲しい。

7－8　アスピリンを作ってみよう

アスピリンつまりアセチルサリチル酸（図7-27(a)）は痛みを和らげたり、熱を下げたり、また炎症を止める働きのある重宝な薬である。アスピリンは今から約120年も前から使われ始めた薬であり、古い古い薬である。新薬が次々と考え出される現在でもアスピリンは立派にその役目を果たしている。それはアスピリンが持っている薬理作用と副作用のバランスが非常によいことを物語っている。化学反応における電子の話のしめくくりとしてアスピリンを作ってみよう。

ベンゼンを原料にしよう。まずベンゼンをフェノールにする (b)。これはすでに説明済みである。次にこのフェノールを水酸化ナトリウムと反応させる。フェノールは酸

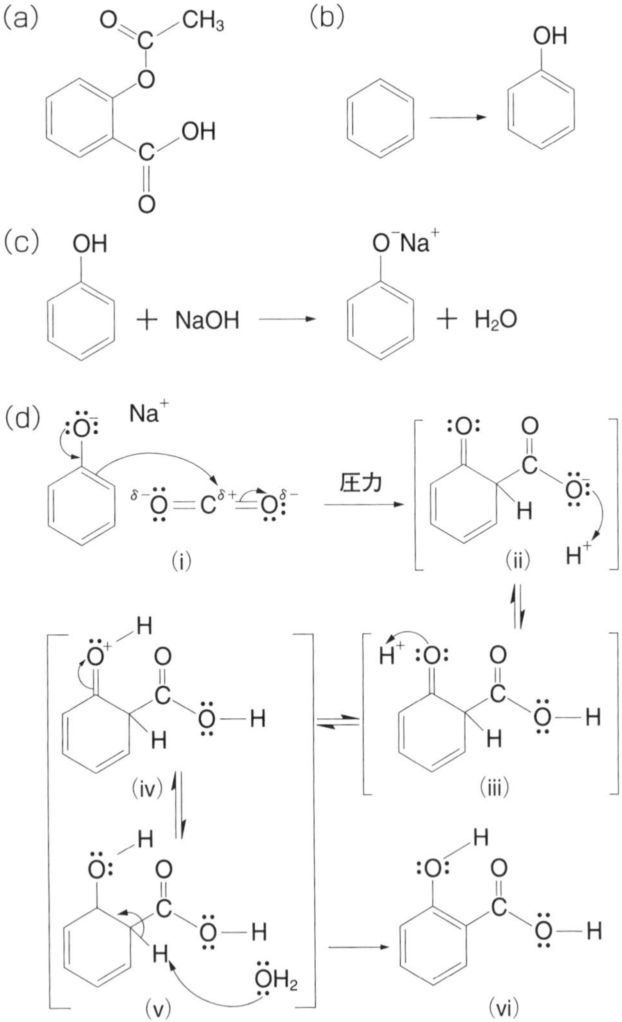

(a)

O, C, CH_3, O, C, OH, O

(b)

OH

(c)

OH + NaOH → O^-Na^+ + H_2O

(d)

Na^+

δ^- O = $C^{\delta+}$ = $O^{\delta-}$

圧力

(i) (ii) (iii) (iv) (v) (vi)

H^+

OH_2

図7-27

性であり、HはH^+として放出されやすいので、これは普通の酸とアルカリの反応（たとえばHClとNaOHのような）と変わりがない。フェノールのいわばナトリウム塩をナトリウム・フェノキシドという（c)。

ナトリウム・フェノキシドから、まずアセチルサリチル酸の一歩手前の化合物であるサリチル酸を作る。その際、二酸化炭素をもう１つの原料に用いる。二酸化炭素の中央のC原子は両側に電気陰性度の高いO原子があるため、強く分極し、$\delta+$になっている（d)。フェノキシドが非常に安定になることはすでに説明済みであり、ベンゼン環に分布した電子は二酸化炭素の中央のC原子を攻撃する。反応は二酸化炭素がフェノキシド・イオンと充分に接触するように加圧下で行う必要がある。ベンゼン環内の電子がC原子を攻撃すると同時に、ベンゼン環に結合したO^-の上の電子も移動し、(ii）になる。解離しているカルボキシ基（—COO^-）は酸があるとCOOHになる（iii)。C原子からなる６員環は再びベンゼン環にもどろうという気運に燃えている。酸があると、ベンゼン環についたカルボニルO原子はその水素イオンを攻撃し、(iv）の形になるが、(iv）は（v）と平衡している（お互いの間を行き来している)。(v）を水分子のO原子の非共有電子対が攻撃すると、矢印のような電子の移動が起こり、ベンゼン環が復活し、(vi）のサリチル酸になる。(iii）から（v）までの矢印は双方向を向いている。つまり可逆反応である。

(iii）から（vi）までのところが理解しにくいかもしれない。図7-28に示すようにケト形の構造は酸（H_3O^+）が存

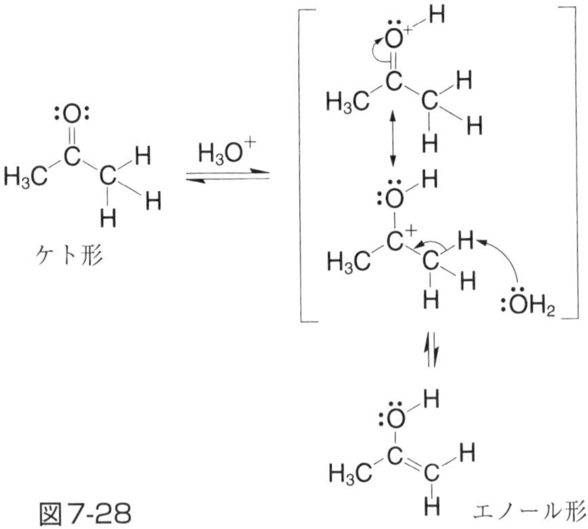

ケト形

H_3O^+

エノール形

図7-28

在するとエノール形になることができる。この反応のすべての矢印は原則として双方向で、エノール形↔ケト形と変化できるが、通常はエノール形として存在することは非常に少ない。図7-28のアセトンは99.999999％ケト形として存在する。むろん0.000001％エノール形があるが。とこ

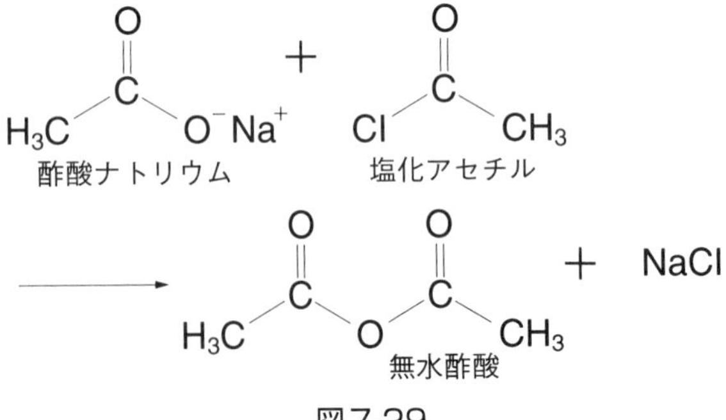

酢酸ナトリウム　塩化アセチル

無水酢酸　+ NaCl

図7-29

ろが図7-27(d) の (vi) ではでき上がるエノール形はベンゼン環の復活を意味するため、だんぜん安定化される。つまり最後の矢印は右方向になる。

大方の構造はでき上がった。

残るは$-OH$を$-O-\overset{\overset{\displaystyle O}{\|}}{C}-CH_3$にすることである。この反応は酢酸エチルを作る時に見たものと原則的には同じである。ただこの場合、酸無水物を使うと反応はスムーズに進む。図7-29のように酢酸ナトリウムと塩化アセチルを混ぜると、無水酢酸が作られる。エステル化の場合と同じように無水酢酸はサリチル酸のヒドロキシ基と反応して、目的のアセチルサリチル酸、つまりアスピリンが合成され

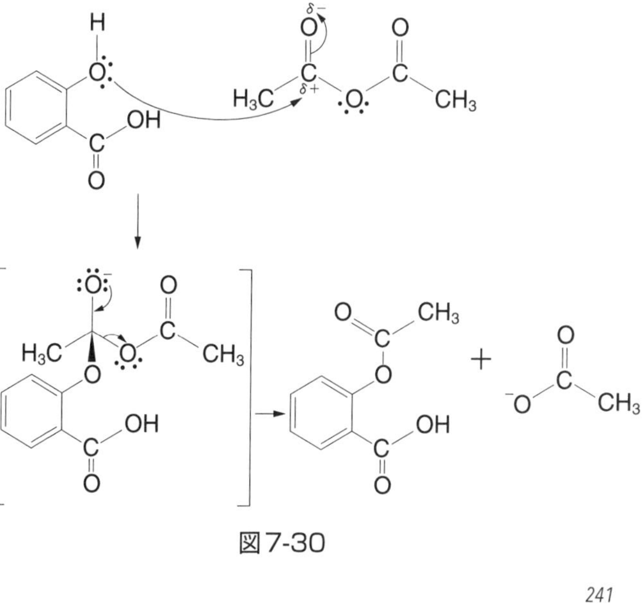

図7-30

る（図7-30）。酸無水物の半分は副生成物のカルボン酸アニオンになる。後半のエステル化のところは7-3節の説明を見ながらどういうふうに電子が動いて反応が進むかを考えて欲しい。高等学校の教科書の悪口ばかり言っているとその内にバチが当たるかもしれないが、アセチルサリチル酸の合成も教科書では実に簡単に述べられている。

アスピリンは医薬品である。私たちが電子の動きを司るルールに精通すると、このように望みの医薬品さえも作り出すことができる。医薬品だけでなく多様な分子も作り出すことができる。元素の種類には限りがあるが、そのつなぎ方と数を変えると無限の可能性がある。昨今では化学物質の影の部分だけが強調されすぎている嫌いがあるが、この無限の可能性を生かすかどうかは人類の叡智にかかっている。このように化学の進歩は分子の世界を自在に操る方法を私たちに与えてくれると共に私たちの体の中で起こっている複雑な化学反応を分子レベルで理解することも可能にし、分子の世界から私たちの生命を操作することすら可能にしようとしている。今後さらに生命科学や生命工学が進歩していくと思われる。しかし進歩すればするほど、化学の言葉すなわち分子の言葉で生命を理解し、さらにはそれを分子レベルで活用していくことになる。

第8章
素晴らしい分子の世界

これまでの章で習ったことを復習する意味もかねて、分子の示す色、DNAの構造そして酵素の働きについて考えてみよう。

8－1 分子の色

物質に色がついて見えるのは、その物質を構成する分子が特定の色を吸収してしまい、残りの光が反射して目に入ってくるからである。太陽光には可視光線のすべての波長成分が含まれている。だから太陽光自体には色がなくなる（加算混合）。しかし、その中の赤や黄色の光が分子によって吸収されると残りの青い色が見えるようになる。別の言い方をすれば、分子が吸収する色の補色を私たちは色として見ている。それでは、いったい分子のなにが色を吸収するのだろうか。

それは、まさにこの本の主役である電子である。簡単に言ってしまうと、どのくらいの量の電子がどれだけ広い範囲をどの程度の自由さで動き回れるかで、どういう色の光をどのような強さで吸収するかが決まってくる。自由に動ける電子はπ電子とか非共有電子対である。このような電子を持っていない分子は可視光線を吸収できない。したがって色もない。私たちが色と言う時は必ず可視光線を意味する。

それではどのような分子が色を示し、それが電子の挙動とどう関わるのかを見てみよう。まずπ電子に富む２重結合を含むものについて考えてみる。図8-1に２重結合を含

(a)

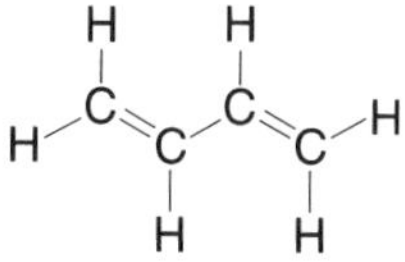

1,3-ブタジエン

(b)

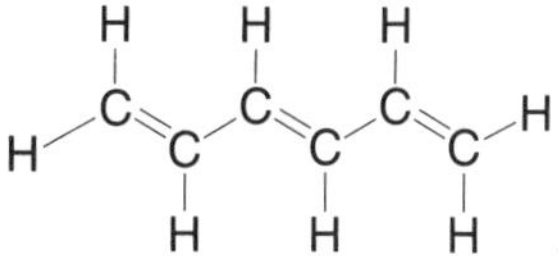

1,3,5-ヘキサトリエン

(c)

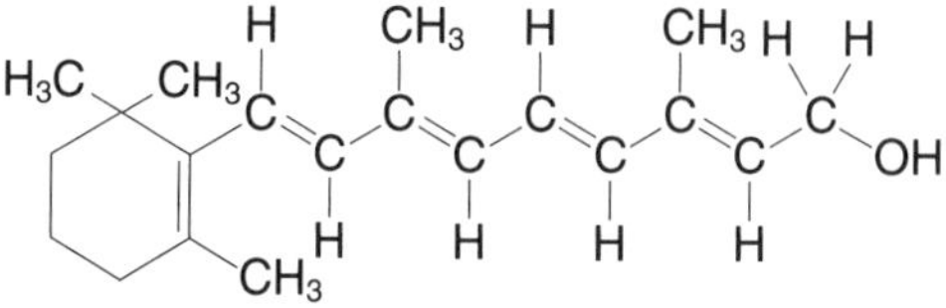

ビタミンA_1

(d)

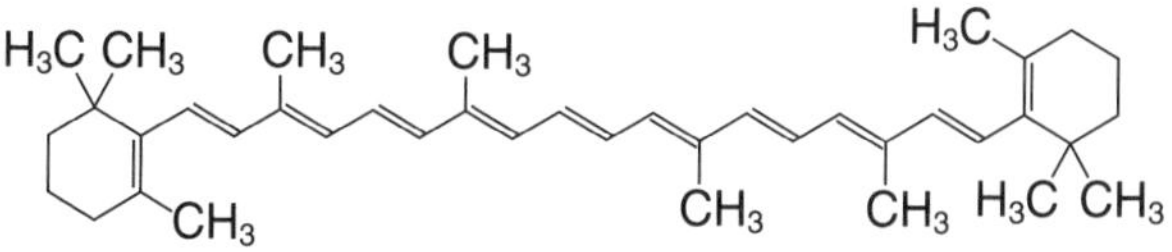

***β*-カロテン**（鎖状部分のC原子とH原子は省略）

図8-1

むいくつかの分子を示した。２つの２重結合を分子内に含む1,3-ブタジエン（a）が吸収する波長は2170Åであり、これは紫外線の領域である（図6-2参照）ので、この化合物は無色である。（b）の1,3,5-ヘキサトリエンでは２重結合が３つあるが、吸収する光の波長は最長でも2680Åであり、まだ無色である。しかし１つ２重結合が増えたことにより、確実に可視光線側に近づいている。２重結合が分子内で５個交互に存在するビタミンA_1(c）では、吸収する波長はさらに長くなり、3250Åであるが、まだ無色である。このように単結合をはさんで隣り合って存在する2重結合の数が増加するにつれて、吸収波長は長くなる。電子が広い範囲に自由に行き渡るほど、吸収波長は長くなる。ビタミンA_1を2つ結合させた形のβ-カロテン（d）では11個の2重結合が交互に並ぶ。β-カロテンは特に4550Åの光を強く吸収する。4000から5000Åの光（青）を吸収すると、その補色である黄橙色が見えるはずだが、実際にβ-カロテンはニンジンのような色をしている。β-カロテンは黄色野菜の色のもとである。

天然の藍の成分であるインジゴ（図8-2(a)）は6050Å（赤橙色）の光を強く吸収するので、その補色である鮮やかな青が見えてくる。インジゴの化学構造を一見すると、分子内には自由な電子の流れがないように見えるが、Oおよび N原子上の非共有電子対が動き易く、これが中央の2重結合や両側のベンゼン環中のπ電子と共同して、(b) のように電子の移動が分子全体に及ぶような（i）～（iii）の3種の共鳴構造をとっている。

いまN原子のところをO原子に換えた化合物を考えてみる（c)。Nに比較してO原子の電気陰性度は高いので、O原子にある非共有電子対はN原子の場合に比較して中央の2重結合に向かって動きにくい。つまりNHの場合よりもπ電子の動きがにぶいと予想される。実際（c）が吸収する光の波長は（a）に比べてずっと短く4200Åである。したがって（c）の色は黄緑色になる。もっと積極的にπ電子の流れを変えてやるために分子構造を（d）のよ

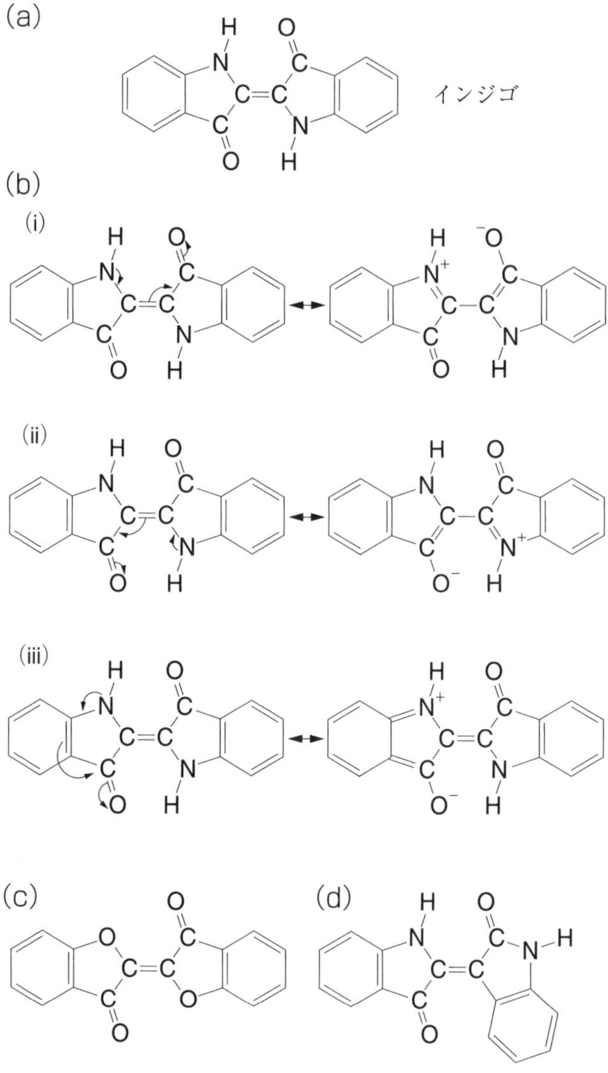

(a)

インジゴ

(b)

(i)

(ii)

(iii)

(c)

(d)

図8-2

うに変えると、この分子はもはや青系ではなく、赤紫色を示す。この色素（インジルビン）は非常に興味深いことにインジゴと共に天然の藍の中に含まれている。電子の流れに対する原子や原子団の影響を理解すれば、私たちは任意の色をもつ分子を調合できるということである。

ビタミンAが不足すると目がよく見えなくなる。夜盲症である。私たちの体の中ではビタミンAは作ることができない。しかしニンジンのような緑黄色野菜に含まれるβ-カロテンは私たちの肝臓でビタミンAに変換される。図8-1(d) のように、β-カロテンはビタミンAをちょうど２倍した分子構造をしているので、半分にすればよい。肝臓中では、ビタミンAはさらに11-シス-レチナールという分子に変わる。私たちの目の網膜には光を感じる２種類の細胞がある。その内、桿状（かんじょう）体細胞は暗いところで見る時に働く。桿状体細胞中で光を感じる分子が、実は11-シス-レチナールである。桿状体細胞中で11-シス-レチナールはオプシンというタンパク質と結合してロドプシンという形になっている（図8-3)。ロドプシンに光が当たるとC^{11}とC^{12}原子の間の２重結合まわりで異性化が起こり、11-レチナールがトランス体になったメタロドプシンという分子に変化する。この分子構造の変化が脳に伝わり視覚を感じる神経インパルスになる。光によって11-シス-レチナール部分の電子の動きに影響を与え、トランス体への変換を引き起こすことが視覚のひとつの重要なステップになっている。私たちの網膜上にあるたくさんの桿状体細胞中でこのような分子構造変化が起こり、私たちは光を

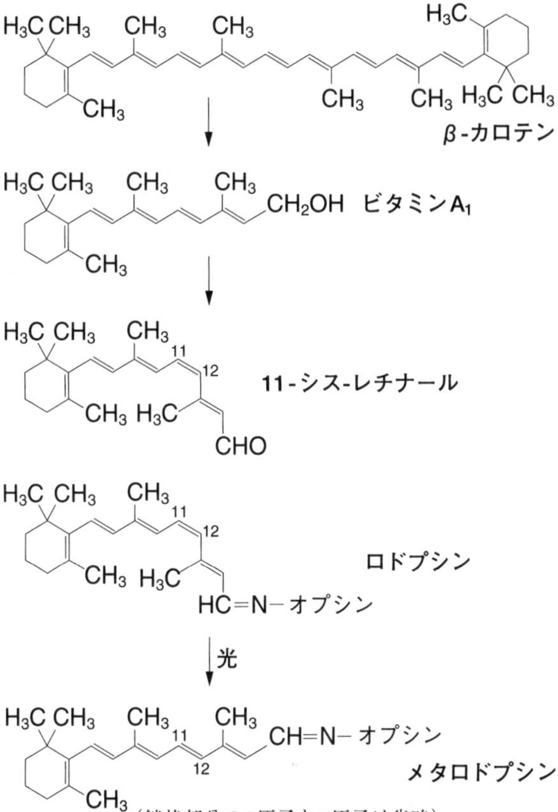

β-カロテン

↓

ビタミンA_1

↓

11-シス-レチナール

ロドプシン

↓ 光

メタロドプシン

（鎖状部分のC原子とH原子は省略）

図8-3

感じる。化学の世界だけの特殊な話のようなシス-トランス異性が実はこの本を読んでいる私たちの視覚をいま支えているのである。

8-2 遺伝情報を蓄えるDNA

親から子へ遺伝的な性質を伝えるのはDNA（デオキシリボ核酸）という巨大な分子である。人間の細胞1つの中にあるDNAの長さを合計すると2mくらいしかないが、ひとつひとつの情報が分子の文字で表記されているので、そこには膨大な情報が書きこまれている。この膨大な情報を解読すれば、人間は一体どこから来てどこへ行くべきものなのかがあるいは分かるかもしれない。DNAに書かれた情報が一体何を意味するのか、今その全解読を目指して猛烈な勢いで研究が進んでいる。DNAは私たちが見る分

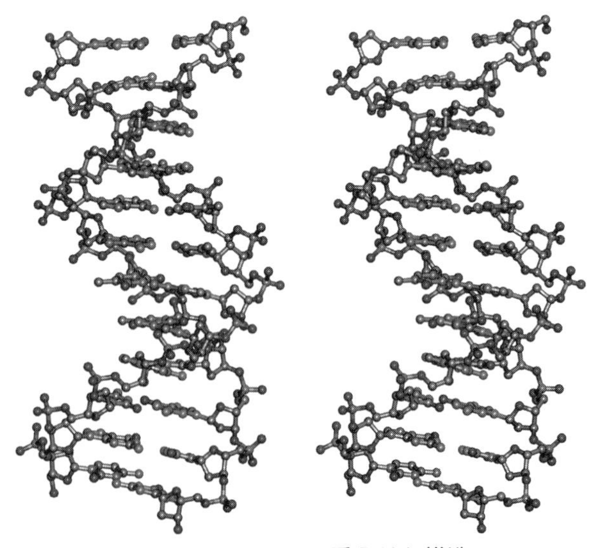

図8-4　DNAの二重らせん構造

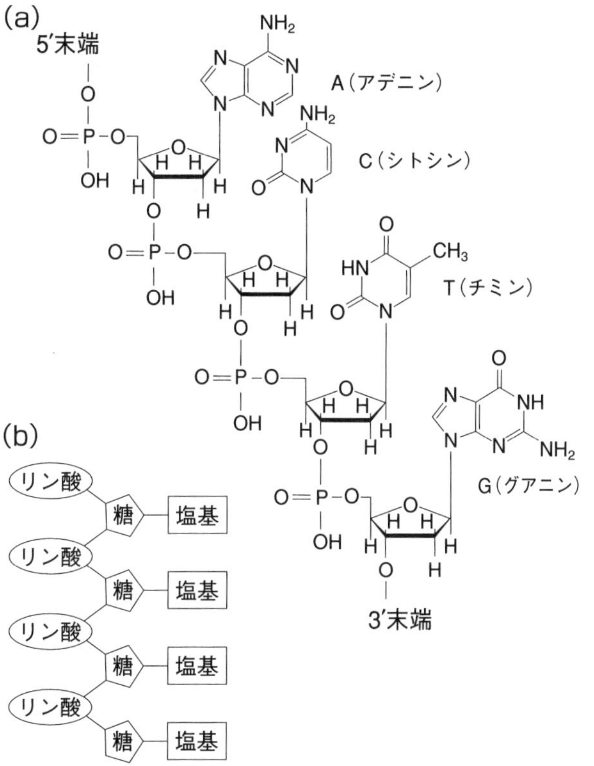

(a)
5′末端
A（アデニン）
C（シトシン）
T（チミン）
G（グアニン）
3′末端

(b)
リン酸
糖
塩基

図8-5

子の中でも実に美しい形をした分子の代表である。図8-4に示すようにDNAは二重らせん構造をとっている。この美しい二重らせん構造を形成しているのは種々の化学結合や分子間力である。これらの力をみごとに組み合わせてできている壮麗な構造体がDNA二重らせんである。

DNAは二重らせん構造をとっているが、その1本について見てみると、図8-5(a) のようになっている。(a) を模式で表すと (b) のようになり、基本的な成分であるリン酸、糖そして塩基というものからなっている。この中でリン酸と糖の部分はDNA全体で共通であるが、塩基には4種類あり、その並び方は一様ではない。DNAの情報はこの4種類の塩基の並び方で表現される。ちょうどアルファベット26文字で英文を表記するのと同じである。リン酸は強さが中程度の酸で、DNAの鎖をつないでいる。細胞中ではリン酸は解離している (PO_4^-になっている)。

糖というと私たちはすぐ甘い砂糖を思い出すが、化学ではもう少し広い意味を持っている。いわゆる炭水化物を糖と呼ぶことが多い。DNA中にある糖はデオキシリボースと呼ばれるもので5角形の構造（5員環）をしている。砂糖を作るグルコースは6角形（6員環）である。アミノ酸と同様に生物の体の中にある糖も光学活性体である。ほとんどの生物中ではL-アミノ酸しかないが、糖はほとんどD型になっている。図8-6のD-デオキシリボースはDNAの

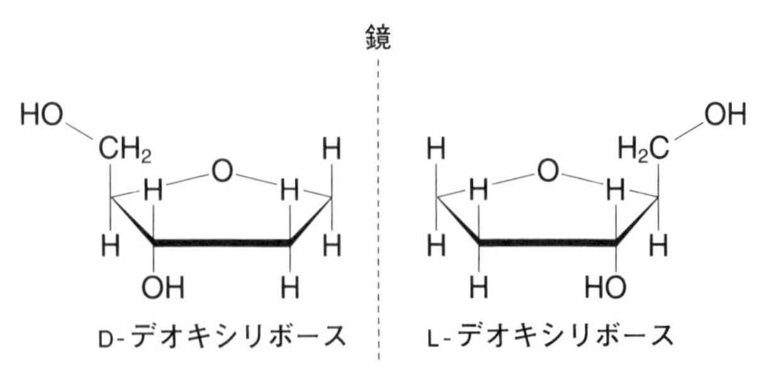

図8-6

成分になれるが、その鏡像体であるL-デオキシリボースはDNAの中には取り込まれない。この原則は下等生物から高等生物まで頑固に守られている（一部の下等な生物では例外的なものもあるが）。つまりDNA分子全体も光学活性分子であり、右巻きのらせんになっている。図8-6からも分かるようにデオキシリボース中にはC—C単結合が多くあり、その結合のまわりの回転に自由度がある。6角形の糖より5角形の糖の方がこの自由度がずっと大きい。別の言い方をすると、5角形の糖は環をある程度自由に変形できる。DNAが遺伝情報を伝える過程で、二重らせんは大きく構造を変化させる必要があるが、デオキシリボースを使うことでその動きを非常にスムーズなものにしている。もしグルコースのような6角形の糖を使うと、DNAは硬直してしまい、情報伝達はスムーズには行われなくなる。生物は実に適材適所を行っている。

糖の中では電子の流れはほとんどないが、核酸塩基はそ

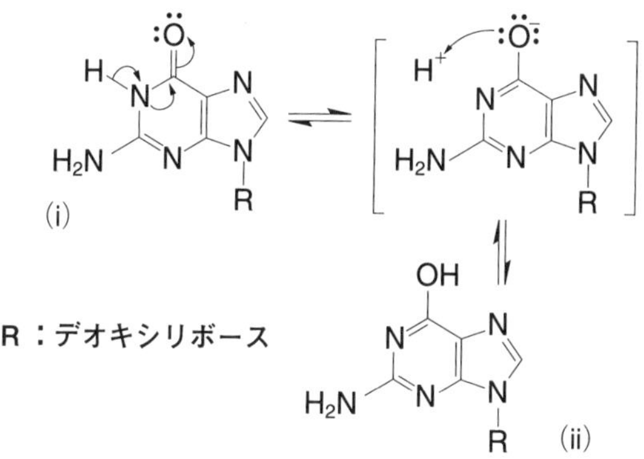

(i)

(ii)

R：デオキシリボース

図8-7

の化学構造からも推定できるように非常に電子に富んだ構造を持っている。各環内の２重結合とNやO原子の非共有電子対が共同して、核酸塩基の環の中では電子がかなり活発に動き回っていることが想像される。第７章の電子の流れについての議論をよく理解した人は例えばグアニン(G) に対して図8-7のような操作をやってみたくなるだろう。つまりグアニンは (i) と (ii) の共鳴形と考えられる。この考え自体は誤りではない。しかしDNAが存在する生物の細胞内の環境では (i) の形が99.99％以上である。他のアデニン (A)、チミン (T) およびシトシン(C) についてもそうであり、—OH型は実質的に生物体内ではできていないと考えられている。すなわちA、T、GおよびCは図8-5(a) のような化学構造をとっていると考えてよい。つまり２重結合や非共有電子対の位置がかなり固定化していると考えてもよい。

DNAではこのような１本の鎖が２本ねじり合わさって２本鎖を作る。実はA、T、GそしてCの化学構造（電子分布）がほぼ固定化していることが、その際に重要な意味を持ってくる。２本の鎖を引きつける主たる力は水素結合である。核酸塩基中には水素結合に関与できる原子がたくさんある。しかし塩基同士はまんべんなく水素結合するのではなく、DNA中では片方の鎖にあるAは他方の鎖のTとのみ、またGはCとのみ極めて特異的に水素結合する。図8-8に示すようにAとTとの間には２本の水素結合、GとCの間には３本の水素結合があり、相手をがっちり認識している。２つの塩基の間に水素結合を作ればよいなら、

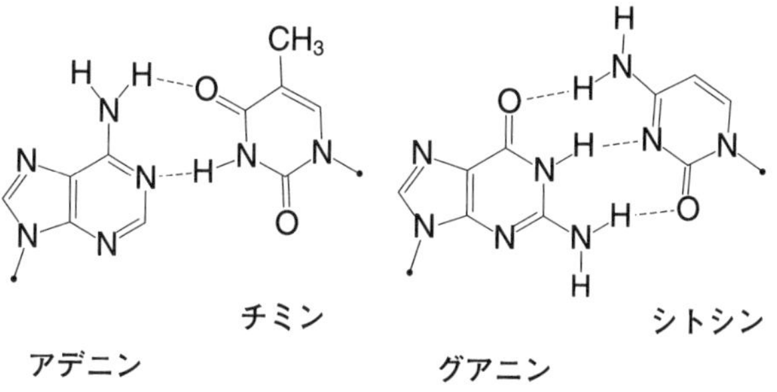

チミン　シトシン

アデニン　グアニン

図8-8

A、T、GそしてCの間にもっとバラエティーに富んだ組み合わせが可能であるが、その中でAとTそしてGとCの組を結びつける力が最も強いことが実験的に確かめられている。これは電子の分布がこれらの塩基でほぼ固定していることと無縁ではない。つまり一方の鎖の塩基の並びがATGCであれば、それに向き合う鎖の塩基の並びは必ずTACGとなる（とならなければならない）。つまり片方の鎖における塩基の並び方は他方の並び方をまったく反転したものになる。反転の仲介をしているのが水素結合ということになる。これらの水素結合による識別が非常に正確なので遺伝情報は驚くほど正確に細胞から細胞に伝わっていく。１本１本の水素結合の持つエネルギーは決して高くないが、通常のDNA中には膨大な数の塩基があり、その間の水素結合の数も非常に多くなる。これがDNAの二重らせんを安定化するおもな力である。

図8-4を見ると、水素結合で向かい合った塩基は上下でほぼ平行に重なっている。この積み重ねの安定化はおもに疎水相互作用による。DNAの外側にある電荷を帯びたリン酸基の隣り合うマイナス電荷の静電的な反発力で、DNAは直線的な硬い構造をとる可能性を秘めているが、2mもの長いDNAは合計わずか200μmの長さになる46個の染色体に納まっている。細胞中のMg^{2+}イオンがこのリン酸の電荷を中和したり、高等生物の細胞ではヒストンという塩基性の高いタンパク質がリン酸上のマイナス電荷を中和している。そのためDNA鎖は折れ曲がることのできる柔軟な構造をとり、長大なDNAを小さくコンパクトに核（高等生物の場合）の中に巻き込むことができるのである。

以上のようにDNAの中では種々の化学結合や分子間力が巧妙に組み合わされて、二重らせん構造が作られている。遺伝子という非常に生物的な働きが、このように原子間の相互作用、すなわち電子たちの共同作業によって化学的に支配されている。

8-3 酵素の働き

私たちの体の中で起こっている生命活動のほとんどが化学反応によっている。つまり私たちの体内では時々刻々と分子が分解され、変化し、そして新しい分子が作られている。それらの反応はランダムに起こるのではなく、整然と制御されている。それがなんらかの拍子で狂ってしまうのが病気である。生物の働きをそして私たちの体の働きを理解するためには、そこで起こっている化学反応をまず理解しなければならない。バイオテクノロジーや医療は究極的には化学反応の制御であると言っても言い過ぎではない。

　さまざまな化学反応が生物体内では起こっているが、その中の１つの反応だけをここでは見てみよう。それはタンパク質を分解するという反応である。タンパク質を分解すると言えば、真っ先に頭に浮かぶのは、食物中のタンパク質の消化であろう。タンパク質を分解する作用を持っている分子もタンパク質である。生物体内で化学反応を制御しているタンパク質を酵素という。実は酵素は本来起こり得る化学反応を起こりやすくする働きを持っており、その点では化学で用いる触媒と非常によく似ている。タンパク質を分解する（正確にはタンパク質の分解を促進する）作用をもつ酵素をタンパク質分解酵素と言うが、最近ではその英語名をそのまま用いてプロテアーゼと言うことが多い。プロテアーゼは実に多様なところで働いており、タンパク質の消化はその働きのごく一部に過ぎない。プロテアーゼは消化を含むタンパク質の代謝、血液の凝固、生体防御系、受精、最近話題の細胞死アポトーシスなどなど、極めて多岐にわたる生物現象において重要な働きをしている。多様な働きを限られた資源で効率的に運用する生物の仕組みの巧妙さには圧倒される。プロテアーゼの働きを理解することは、生物反応を理解する上で重要であることが分かるだろう。

　ここではプロテアーゼのひとつであるキモトリプシンと

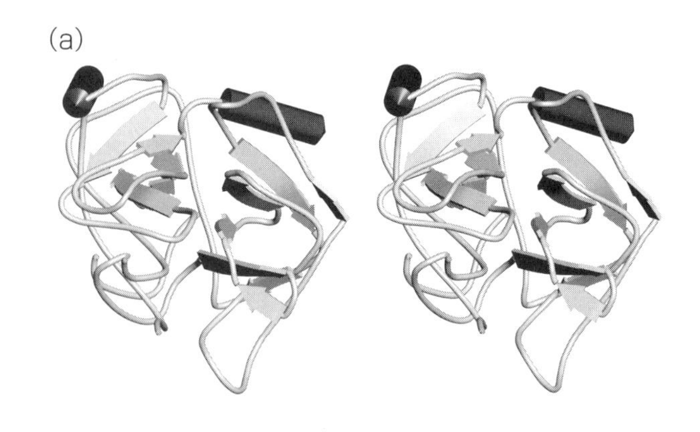

キモトリプシンの立体構造（模式図）（ステレオ図）

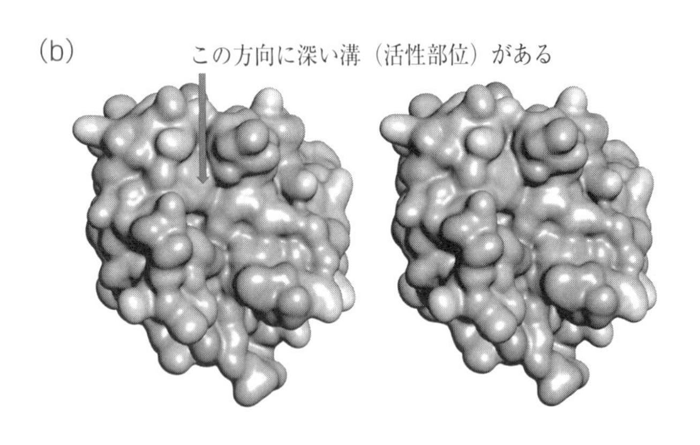

図8-9（ステレオ図）

いう酵素について見てみることにする。キモトリプシンは小腸の中に分泌され、タンパク質を分解する。この場合は消化が目的である。この酵素は241個のアミノ酸がつなが

$H_2N-C(R)(H)-COOH$　アミノ酸（Rは20種類の異なる原子団）

アミノ酸が縮合してタンパク質ができる（*n*個のアミノ酸からタンパク質を作る）

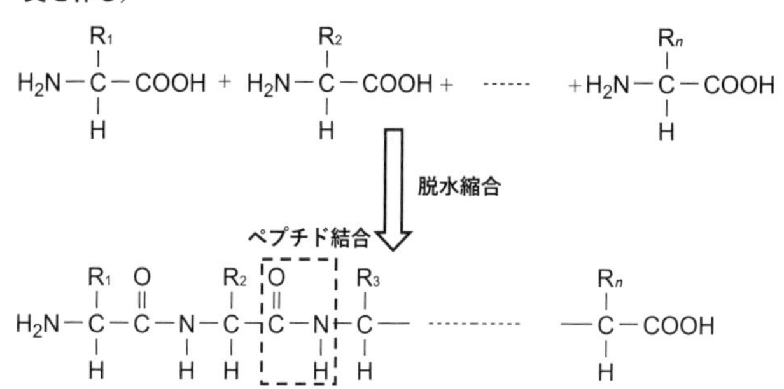

プロテアーゼでタンパク質を分解する

切断するペプチド結合

$H_2N-C(R_1)(H)-C(=O)-N(H)-\cdots-C(R_i)(H)-C(=O)-N(H)-C(R_{i+1})(H)-\cdots-C(R_n)(H)-COOH$

N末端　　C末端

$H_2N-C(R_1)(H)-C(=O)-N(H)-\cdots-C(R_i)(H)-COOH$　切断　$H_2N-C(R_{i+1})(H)-\cdots-C(R_n)(H)-COOH$

図8-10

ってできた大きな分子であり、分子量は約25,000である。図8-9(a) にキモトリプシンの模式的な立体構造を示す。熱などにより、この立体構造がちょっとでも変化する

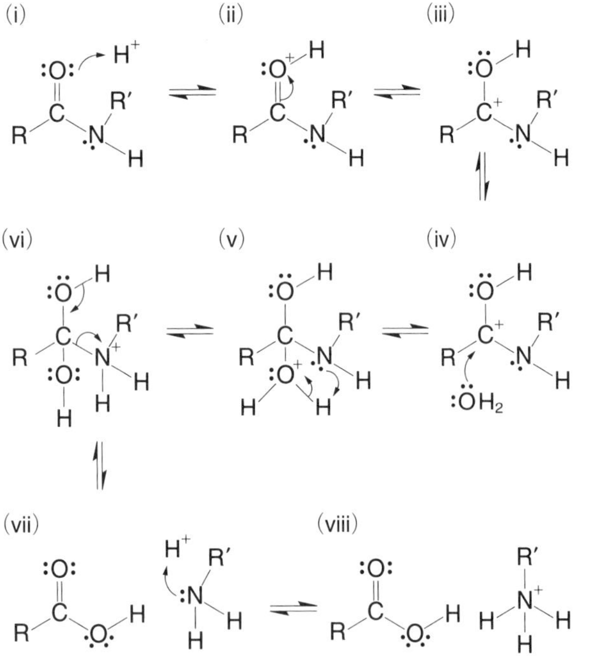

切断されるペプチド結合のN末端およびC末端側のアミノ酸部分をそれぞれRおよびR′で表す（図8-10）

図8-11

と、もうこの分子はタンパク質を分解する作用を失う。キモトリプシンの分子表面を図8-9(b) に示す。分子の真ん中あたりに上から下に走る溝が見える。この溝（活性部位）のところでタンパク質を捕らえ、そして切断するのである。図8-10に示すようにタンパク質とはアミノ酸が脱水縮合してできたものであるが、プロテアーゼによる分解はその逆である。水を加える必要があるので、化学では加水分解反応と呼ばれる反応である。キモトリプシンの中でこのような分解反応はどのように起こっているのだろうか。

酸を使ってペプチド結合を分解する反応それ自身についてまず考えてみよう。図8-11(i) のようにペプチド結合のカルボニルO原子の非共有電子対が酸からの水素イオンを攻撃する。(ii) で2重結合の電子がO^+の方に移動すると、カルボニル基のC原子はプラスの電荷を帯び (iii)、そこへ水分子からのO原子の非共有電子対が攻撃をかける (iv)。するとカルボニル基のC原子はsp^3混成になる (v)。このC原子ははじめの (i) では平面的であったが、(v) の中間状態では4面体構造をとる。付加した水分子のO—H結合の共有電子がO^+のプラス電荷を中和すると同時に今度はプラス電荷を帯びるH原子をN原子の非共有

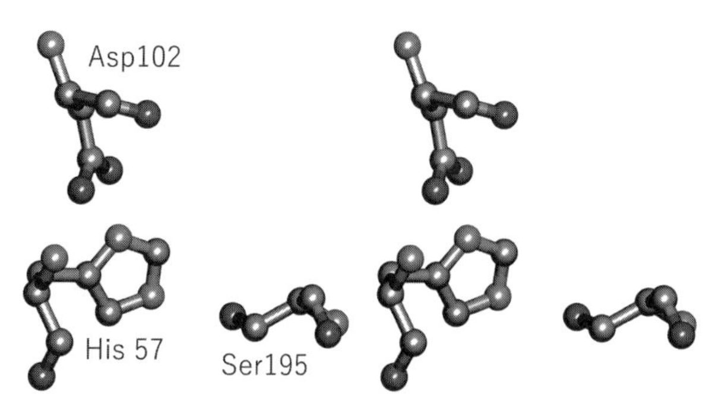

図8-12（ステレオ図）

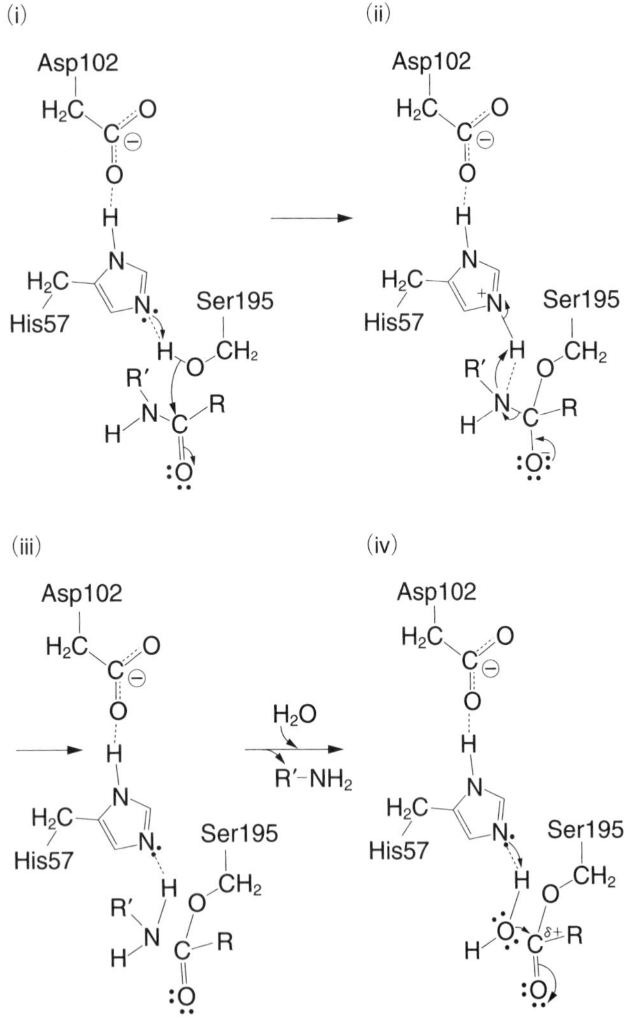

(i)

Asp102

His57

Ser195

(ii)

Asp102

His57

Ser195

(iii)

Asp102

His57

Ser195

H_2O

$R'-NH_2$

(iv)

Asp102

His57

Ser195

図8-13

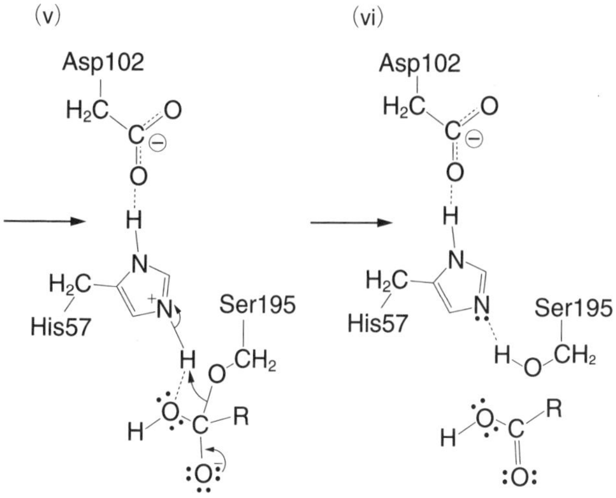

図8-13（続き）

電子対が攻撃する（v）。続いてC—N結合からN原子が電子を奪うとそのC原子がカルボカチオンになり、O—Hの間の電子を強く引きつける（vi）。その結果ペプチドは切断される（vii）。

キモトリプシンでも基本的に起こる反応はこの反応である。しかし、キモトリプシンはこの反応を非常に起こりやすくする「仕掛け」を分子内に持っている。241個のアミノ酸がこの酵素にはあるが、多くの研究の結果、ペプチド結合を切断する作用に必要不可欠なアミノ酸は3個あることが分かっている。しかもこれらのアミノ酸はN末端からの番号（図8-10のR_nの番号nを指す）がかなり離れているにもかかわらず、キモトリプシンの分子中で空間的に非常に近いところに集まっていることがX線解析で明らかにされた。つまり、活性部位にこれら3つのアミノ酸は集合している。そのアミノ酸とはヒスチジン（His）57、アスパラギン酸（Asp）102、そしてセリン（Ser）195である。**図8-12**にはX線解析で求められたこれら3つのアミノ酸の立体的な位置関係を示す。

それではこれらのアミノ酸がどのようにしてペプチドを分解するのかを考えてみる。基本的な化学反応は図8-11のものと同じである。

Asp102、His57そしてSer195の配置を模式的に書くと**図8-13**(i) のようになる。各アミノ酸のRの部分のみを図では表示した。Asp102のカルボキシ基は反応中ずっと陰イオン型（—COO^-）になっており、そのカルボキシ基と水素結合しているHis57のイミダゾール環（N原子を2つ含む5員環）のN—HのH原子を捉えて離さない。その結果イミダゾール環内の2重結合の位置は図のような位置に固定される傾向になり、以下の反応が進みやすくなる。Ser195のヒドロキシ基のH原子はイミダゾール環のもう1つのN原子に水素結合している。この水素結合によりヒドロキシ基のH原子は$\delta+$になっており、イミダゾール環のN原子の非共有電子対はこのH原子を攻撃できる態勢になっている。以上が分解するタンパク質がまだ近づいていない状況における3つのアミノ酸の状態である。

活性部位の溝はこの反応を行う上で最適な立体的構造をとっているので、加水分解を受けるタンパク質の中の特定のペプチド結合はSer195の近くに配置される。ペプチド結合のC═O結合中の電子はO原子に引きつけられ、分極する。その分極は上で述べたHis57とSer195の間の水素結合によってさらに強められ、(i) のような電子の移動が起こる。途中でカルボニルのC原子がカルボカチオンの状態を経ることはすでにおなじみのことであろう。その結果、図8-11の (v) と同じようにカルボニルC原子は4面体構造 (sp^3混成) をとることになる (ii)。酵素では反応に関係するアミノ酸がお互いに近い位置にあるので、ペプチド結合のN原子も (ii) で示すように水素結合でHis57につなぎとめられている。反応に関係するアミノ酸がこのように近くにあると反応は極めて能率的になる。酵素の働きが非常に能率的なのはこのような理由に基づく。(ii) のような状態は安定ではないので、図のような電子の移動によってペプチド結合が切れ、カルボニル基側はSer195に結合し、アミノ基側はHis57と水素結合でつながれる (iii)。N—H…Nの水素結合は比較的弱く、このR′NH_2 (タンパク質のC末端側の部分) は活性部位から離れ、酵素のまわりにある水溶液 (この酵素は小腸の中の水溶液中で働いているので) に流れていく。続いてその空いているところに水分子が1個入ってくる (iv)。この水分子はSer195のヒドロキシ基とエステル結合したタンパク質のN末端側部分をSer195から切り離すためのものである。(iv) のようにHis57のN原子の非共有電子対が水分子の水素イオンを引きつけると同時にこの水分子のO原子の非共有電子対はカルボカチオンになったカルボニルC原子を攻撃する。

繰り返すが、このような芸当はHis57とSer195が近い位置に固定されてはじめてできることである。そうでなければこの図に描いたように話はうまくは進まない。His程度の塩基性とAsp程度の酸性を持つものをSerの存在下でタンパク質と混ぜてやっても、このような反応はほとんど進まないと言ってよい（進むことは進むが反応が終わるまで気の遠くなるような時間がかかる）。酵素は正に反応をスピードアップしてくれる。水分子はここでカルボニルC原子を４面体形（sp^3）に変換する（v）。この４面体形の構造は安定ではなく、図のように電子が移動し、His57とSer195はまったくもとの形（i）に戻ると共に、Ser195からは分解されたタンパク質のカルボニル基側の断片が離れていく（vi）。これでめでたくタンパク質中の１つのペプチド結合が切断された。基本的に同じ要領で複数の酵素がタンパク質に働き、最終的には私たちが再利用できる形であるアミノ酸にまで分解され、消化されることになる。

ここまで一気に読んできた読者はたぶん疲れたことだろう。もしよく分からなかったらもう一度読み直して欲しい。決して難しいロジックではない。私たちの体の中で起こっている現象はたいていはこのように一連の化学反応で表すことができる。いわゆる化学反応と違うのは、能率である。ビーカーの中でＡとＢとＣを反応させるためにはＡとＢとＣがうまくぶつかってくれないといけない。そのぶつかりの頻度は、実験室では温度を高めたり、圧力をかけたりして大きくすることができる。触媒を用いてもたいていは温度や圧力が必要である。しかし生物の中では温度も圧力も上げずに（たいていは１気圧で室温程度の温度である)、実にスマートに化学反応をやってのける。それは酵素があらかじめＡとＢを近くに配置しておいて、残りのＣがそこにくればよいようにセットアップしているからである。タンパク質表面の溝ではむしろ積極的にＣを引きこんでいるとも言える。したがって化学反応を効率的に利用して、ものを作ろうという立場から見ると、酵素は実によいお手本であり、化学工業や医薬品生産には酵素が積極的に活用されている。酵素は自然界にいる合成化学のエキスパートである。この酵素のミラクルパワーも電子の性質を上手に使っているだけである。巨大分子である酵素の表面では電子がめまぐるしく動き回り、反応を進めている。でも電子にしてみれば好き勝手をしているに過ぎないのかもしれない。

さらに進んで勉強したい方のために

化学一般

生物系の方への化学一般の入門書としては、ブルームフィールド著**『生命科学のための基礎化学』**（丸善）が適当だろう。若干古いところもあるが、実生活に密着した話題がたくさん取り入れられており、随所に挿入されている囲み記事だけ拾い読みしても楽しい。より一般化学に近く、上記の本の現代版と言えるのが、ヘラー&スナイダー著**『教養の化学』**（東京化学同人）である。カラー図版がたくさんあり、楽しめる本である。本書では取り上げていない分野の化学の話題もたくさん取り上げられている。

有機化学

有機化学の教科書はたくさん出版されていて、良書も少なくないが、本書の延長にある手軽なものとしては、マクマリー著**『有機化学概説』**（東京化学同人）を薦める。練習問題も多い。電子の動きで有機化学をもっと学びたいと思う方には、井本稔著**『有機電子論解説』**（東京化学同人）をお薦めする。全編が電子を中心に書かれている。

量子力学、分子軌道法

量子力学にまつわるお話なら、朝永振一郎著**『鏡の中の**

物理学』（講談社学術文庫）をぜひ薦めたい。分子軌道法を使うと、分子内の電子の挙動が明確に分かり、分子の構造、性質そして化学反応を理解することができる。分子軌道法の簡単な原理と応用について少し踏み込んで知りたい方には、拙著『**はじめての量子化学**』（講談社ブルーバックス）をお薦めする。

X線解析

なぜか高校生向きのやさしい本がない。これだけいろいろな分野で使われていて、その結果は教科書の挿絵にも多用されているのに不思議である。X線の性質そしてX線を使って分子構造をどのように見るかについての簡単な説明は、拙著『**X線が拓く科学の世界**』（サイエンス・アイ新書）にあるので参照して欲しい。少し頑張って勉強してみたい方には、拙著『**第2版　化学・薬学のためのX線解析入門**』（丸善）をお薦めする。

生化学

生物の体の中で起こっているさまざまな化学反応については、生化学の教科書で説明されている。生化学に関する本もたくさん出版されており、各々特徴を持っている。本書の延長で読まれるなら、ヴォート著『**基礎生化学**』（東京化学同人）を薦める。790ページ余りあり、ちょっと簡単には読み通せないが、それでも生化学の教科書としては小さいほうである。カラーの図版が多いのもうれしい。

さくいん

【あ行】

【か行】

【さ行】

【た行】

【な行】

【は行】

【ま行】

【や行】

【ら行】

N.D.C.431　274p　18cm

ブルーバックス　B-2185

暗記しないで化学入門　新訂版
電子を見れば化学はわかる

2021年11月20日　第1刷発行
2024年6月7日　第3刷発行

著者　平山令明
発行者　森田浩章
発行所　株式会社講談社
〒112-8001 東京都文京区音羽2-12-21
電話　出版　03-5395-3524
販売　03-5395-4415
業務　03-5395-3615
印刷所　(本文印刷) 株式会社ＫＰＳプロダクツ
(カバー表紙印刷) 信毎書籍印刷株式会社
本文データ制作　講談社デジタル製作
製本所　株式会社国宝社

定価はカバーに表示してあります。

ISBN978−4−06−526067−8

発刊のことば

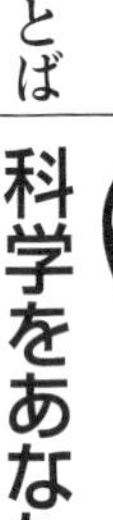

科学をあなたのポケットに

二十世紀最大の特色は、それが科学時代であるということです。科学は日に日に進歩を続け、止まるところを知りません。ひと昔前の夢物語もどんどん現実化しており、今やわれわれの生活のすべてが、科学によってゆり動かされているといっても過言ではないでしょう。

そのような背景を考えれば、学者や学生はもちろん、産業人も、セールスマンも、ジャーナリストも、家庭の主婦も、みんなが科学を知らなければ、時代の流れに逆らうことになるでしょう。

ブルーバックス発刊の意義と必然性はそこにあります。このシリーズは、読む人に科学的に物を考える習慣と、科学的に物を見る目を養っていただくことを最大の目標にしています。そのためには、単に原理や法則の解説に終始するのではなくて、政治や経済など、社会科学や人文科学にも関連させて、広い視野から問題を追究していきます。科学はむずかしいという先入観を改める表現と構成、それも類書にないブルーバックスの特色であると信じます。

一九六三年九月　　野間省一

ブルーバックス　化学関係書

969 化学反応はなぜおこるか　上野景平
1152 酵素反応のしくみ　藤本大三郎
1188 金属なんでも小事典　増本　健＝監修／ウォーク＝編著
1240 ワインの科学　清水健一
1296 暗記しないで化学入門　平山令明
1334 マンガ　化学式に強くなる　高松正勝＝原作／鈴木みそ＝漫画
1375 実践　量子化学入門　CD-ROM付　平山令明
1508 新しい高校化学の教科書　左巻健男＝編著
1534 化学ぎらいをなくす本（新装版）　米山正信
1583 熱力学で理解する化学反応のしくみ　平山令明
1646 水とはなにか（新装版）　上平　恒
1710 マンガ　おはなし化学史　松本　泉＝原作／佐々木ケン＝漫画
1729 有機化学が好きになる（新装版）　米山正信／安藤　宏
1816 大人のための高校化学復習帳　竹田淳一郎
1848 今さら聞けない科学の常識3　聞くなら今でしょ！　朝日新聞科学医療部＝編
1849 分子からみた生物進化　宮田　隆
1860 発展コラム式　中学理科の教科書　改訂版　物理・化学編　滝川洋二＝編
1905 あっと驚く科学の数字　数から科学を読む研究会
1922 分子レベルで見た触媒の働き　松本吉泰
1940 すごいぞ！　身のまわりの表面科学　日本表面科学会
1956 コーヒーの科学　旦部幸博
1957 日本海　その深層で起こっていること　蒲生俊敬
1980 夢の新エネルギー「人工光合成」とは何か　光化学協会＝編／井上晴夫＝監修
2020 「香り」の科学　平山令明
2028 元素118の新知識　桜井　弘＝編
2080 すごい分子　佐藤健太郎
2090 はじめての量子化学　平山令明

ブルーバックス12cmCD-ROM付

BC07 ChemSketchで書く簡単化学レポート　平山令明

569	毒物雑学事典	大木幸介
921	自分がわかる心理テスト	芦原 睦／桂 戴作＝監修
1021	人はなぜ笑うのか	志水 彰／角辻 豊／中村 真
1063	自分がわかる心理テストPART2	芦原 睦＝監修
1117	リハビリテーション	上田 敏
1176	考える血管	児玉龍彦／浜窪隆雄
1184	脳内不安物質	貝谷久宣
1223	姿勢のふしぎ	成瀬悟策
1229	超常現象をなぜ信じるのか	菊池 聡
1258	男が知りたい女のからだ	河野美香
1315	記憶力を強くする	池谷裕二
1323	マンガ　心理学入門	N・C・ベンソン 清水佳苗／大前泰彦＝訳
1391	ミトコンドリア・ミステリー	林 純一
1418	「食べもの神話」の落とし穴	髙橋久仁子
1427	筋肉はふしぎ	杉 晴夫
1435	アミノ酸の科学	櫻庭雅文
1439	味のなんでも小事典	日本味と匂学会＝編
1472	DNA（上）	ジェームス・D・ワトソン／アンドリュー・ベリー 青木 薫＝訳
1473	DNA（下）	ジェームス・D・ワトソン／アンドリュー・ベリー 青木 薫＝訳
1500	脳から見たリハビリ治療	久保田競／宮井一郎＝編著
1504	プリオン説はほんとうか？	福岡伸一
1531	皮膚感覚の不思議	山口 創
1541	新しい薬をどう創るか	京都大学大学院薬学研究科＝編
1551	現代免疫物語	岸本忠三／中嶋 彰
1626	進化から見た病気	栃内 新
1631	分子レベルで見た薬の働き　第2版	平山令明
1633	新・現代免疫物語「抗体医薬」と「自然免疫」の驚異	岸本忠三／中嶋 彰
1656	今さら聞けない科学の常識2	朝日新聞科学グループ＝編
1662	老化はなぜ進むのか	近藤祥司
1695	ジムに通う前に読む本	桜井静香
1701	光と色彩の科学	齋藤勝裕
1724	ウソを見破る統計学	神永正博
1727	iPS細胞とはなにか	朝日新聞大阪本社科学医療グループ
1730	たんぱく質入門	武村政春
1732	人はなぜだまされるのか	石川幹人
1761	声のなんでも小事典	和田美代子 米山文明＝監修
1771	呼吸の極意	永田 晟
1789	食欲の科学	櫻井 武
1790	脳からみた認知症	伊古田俊夫
1792	二重らせん	ジェームス・D・ワトソン 江上不二夫／中村桂子＝訳
1800	ゲノムが語る生命像	本庶 佑
1801	新しいウイルス入門	武村政春

ブルーバックス　医学・薬学・心理学関係書（Ⅱ）

1807 ジムに通う人の栄養学　岡村浩嗣
1811 栄養学を拓いた巨人たち　杉 晴夫
1812 からだの中の外界 腸のふしぎ　上野川修一
1814 牛乳とタマゴの科学　酒井仙吉
1820 リンパの科学　加藤征治
1830 単純な脳、複雑な「私」　池谷裕二
1831 新薬に挑んだ日本人科学者たち　塚﨑朝子
1842 記憶のしくみ（上）　ラリー・R・スクワイア／エリック・R・カンデル　小西史朗／桐野 豊＝監修
1843 記憶のしくみ（下）　ラリー・R・スクワイア／エリック・R・カンデル　小西史朗／桐野 豊＝監修
1853 図解 内臓の進化　岩堀修明
1854 カラー図解 EURO版 バイオテクノロジーの教科書（上）　ラインハート・レンネバーグ　小林達彦＝監修　田中暉夫／奥原正國＝訳
1855 カラー図解 EURO版 バイオテクノロジーの教科書（下）　ラインハート・レンネバーグ　小林達彦＝監修　田中暉夫／奥原正國＝訳
1859 放射能と人体　落合栄一郎
1874 もの忘れの脳科学　苧阪満里子
1884 驚異の小器官 耳の科学　杉浦彩子
1889 社会脳からみた認知症　伊古田俊夫
1892 「進撃の巨人」と解剖学　布施英利

1896 新しい免疫入門　審良静男／黒崎知博
1901 99・996%はスルー　竹内 薫／丸山篤史
1903 創薬が危ない　水島 徹
1923 コミュ障 動物性を失った人類　正高信男
1929 心臓の力　柿沼由彦
1931 薬学教室へようこそ　二井將光＝編著
1943 神経とシナプスの科学　杉 晴夫
1945 芸術脳の科学　塚田 稔
1952 意識と無意識のあいだ　マイケル・コーバリス　鍛原多惠子＝訳
1953 自分では気づかない、ココロの盲点 完全版　池谷裕二
1954 発達障害の素顔　山口真美
1955 現代免疫物語beyond　岸本忠三／中嶋 彰
1956 コーヒーの科学　旦部幸博
1964 脳からみた自閉症　大隅典子
1968 脳・心・人工知能　甘利俊一
1976 不妊治療を考えたら読む本　浅田義正／河合 蘭
1978 カラー図解 はじめての生理学 上 動物機能編　田中（貴邑）冨久子
1979 カラー図解 はじめての生理学 下 植物機能編　田中（貴邑）冨久子
1988 40歳からの「認知症予防」入門　伊古田俊夫

ブルーバックス　医学・薬学・心理学関係書(Ⅲ)